太陽系旅行ガイド

太陽系旅行ガイド

A SPACE TRAVELLER'S GUIDE TO THE SOLAR SYSTEM

Mark Thompson
マーク・トンプソン 著

Yoshiro Yamada　Atsuko Nagayama
山田陽志郎・永山淳子 訳

地人書館

To my mum and dad, who tirelessly supported
my childhood dream to reach out among the stars.

A Space Traveller's Guide to the Solar System
by Mark Thompson

First published as "A Space Traveller's Guide to the Solar System" by
Transworld Publishers, a division of The Random House Group Ltd.

This edition is published by arrangement with Transworld Publishers,
a division of The Random House Group Ltd, London through
Tuttle-Mori Agency, Inc., Tokyo.

太陽系旅行ガイド——目次

目次

日本語版凡例

・本書は、マーク・トンプソン（Mark Thompson）による A Space Traveller's Guide to the Solar System（Corgi Books, 2016）の全訳である。
・本文中、行頭の字下げによって示されている各パラグラフは、日本語版での読みやすさを考慮し、原文よりやや多くなっている。
・本文中の〔　〕内は訳者による補いで、原文にはない。
・本文中に付されている（1）、（2）、（3）、……は、訳注があることを示している。訳注は、二六八頁～二七二頁にまとめられている。
・各章扉のイラストは原書のものであるが、本文中に挿入されている解説図は日本語版独自のもので原書にはない。読者の理解を助けるため、著者の許諾を得て掲載している。
・巻末の「索引」は、原書 Index の項目選択方針を踏襲しているが、日本語版独自のものである。人物名、機関名、天体名などの固有名詞には原綴を付した。片仮名表記の長音「ー」は、その直前の母音にあたる仮名と同じ扱いで配列した。

はじめに

三〇年近く前の凍るような寒い一月の夜、一〇歳の少年だった私は父親に連れられて地元の天文クラブへ行き、そこで人生を変えることになるものを見た。最初に望遠鏡を一目覗いた瞬間、インクのようにまっ黒な宇宙の闇に浮かぶ土星の壮大な眺めに向き合ったのだ。惑星面には微妙な色合いの縞と惑星を囲む環があり、衛星が一つ二つ見えた。

それは信じがたい光景で、私はその日まで、これほど印象深い眺めは見たことがなかった。その短い出会いの間、私は、自分が宇宙飛行士になって見知らぬ世界を回っているような気がした。それは不思議な体験だった。その後の少年時代は、宇宙飛行士になるという男の子らしい夢を追うようになり、太陽系を飛行して、奇妙な新世界や遠くの衛星を訪れるという野心を満たすことに多くの時間を費やした。だが、それは私だけではなかった。自分がボール紙のロケットやアルミ箔の宇宙服、パピエマシエ(1)のヘルメットを作っていたころ、何百万人もの他の子供たちも家でまったく同じことをしていたのだ。

世界中の家族がテレビに集まり、ニール・アームストロングとエドウィン・オルドリンが月に降り、月面を歩く最初の人類になるのを見た一九六九年七月二〇日〜二一日以降、宇宙飛行士になる夢は子供たちにとって普通のことになった。およそ四〇万キロメートル彼方から生中継された不鮮明でちらつく映像に、何百万人もの人々がくぎ付けになった。

地球外の地面に足を下ろした最初の人類という勇敢な探検家たちを見て子供たちは興奮し、ああいうふうに未知の場所へ旅をして別の世界を探検する人間になりたいと思った。宇宙旅行は単なるSF小説の出来事ではなく、突然、具体的で実現可能な現実になったのだ。数十年もたった今でも、アポロ一一号の指令船にいたアームストロング、オルドリン、マイク・コリンズの物語は、星々へ旅立つ夢を見る無数の子供たちを勇気づけている。

この宇宙探検という夢は子供たちに限ったものではなかった。人々は成長とともに宇宙飛行士になる望みは諦めるかもしれないが、心の奥底にある異星人や未知のものへの魅惑を持ち続ける方法は他にもたくさんある。歴史上にもいくつか例があり、詩人、作家、画家、音楽家が宇宙に根ざした多くの作品を作り上げてきた。グスタフ・ホルストが惑星に触発されて書いたオーケストラのための美しい作品や、たくさんのSF小説やSF映画を思い浮かべれば、天文学が他の科学ではなしえないような形で人々に関わっていることがわかる。

私たちが見慣れないものに魅了され続けてきたのは、想像力に任せて奇妙で素晴らしい空想を自由に作り出せることが大きい。見知らぬ世界やそこに異星人がいるかもしれないというのはその典型で、宇宙探検の夢は長い間人類の文化の一部だった。アポロ時代のNASAの写真が示しているように、恐怖にせよ陶酔にせよ、それらは特別な形で人々を結びつけることもわかった。その映像は、月の見方を変えただけでなく、地球の見方も新たにしてくれたのだ。私たちのはかない惑星が暗く寒く寂しい宇宙空間に浮いている写真を見たあと、つつましい気持ちになれない人などいるだろうか?

子供時代の夢や遊びから天文学や宇宙への興味が育まれた私は、大人になってもそれを持ち続け、それとともに頭の中には疑問やアイディアが長い間ふつふつと湧き続けた。私はいつも、わが故郷の惑星、地球を宇宙から見て、月とともに休みなく軌道を描き続けることについてもっと知りたいと思っていた。

そして、水星、金星、太陽までをも目指すことを夢見、太陽活動について知り、あのような信じがたい温度にどこまで近づけるかを知りたいと思った。火星の砂嵐（サンドストーム）の中で生き延びられるかについてや、巨大ガス惑星の領域に近づく際に岩石が密集する小惑星帯を航行できるかも知りたかった。望遠鏡で何度も見た木星の、地球をめちゃめちゃにするほどのハリケーンの目を通り抜けることはできるのだろうか。土星の環は、本当に数十億個もの岩石や塵のかけらでできているのだろうか？

これらの問いに理論的にアプローチしようと、私は自分と同じように宇宙に畏怖を感じる人々にしばしば講義をした。聴衆の中には決まって子供たちがいたが、彼らの質問が時にどれほどすばらしい洞察力を持つか驚くことがよくあった。かつて、ある一〇歳ぐらいの子供が「宇宙はどんな形をしているか」とたずねたことを思い出す。これは大人としても見事な質問で、それを子供から聞いた私はびっくりした。

このことは、自分たちの世界を超える世界に対しては誰もが探究心と疑問を抱いていることをまさに示している。ある意味では、子供たちの好奇心は、私たちの祖先が自分たちを取り囲む宇宙に少しずつ気づいていったことと似ていると思う。悲しいことに、多くの大人たちは自然界への興味を失いがちだと思うが、私はあの一つの質問で、宇宙の謎を理解しようとすることでは一つになれることに気づかされた。この一〇歳の少年と同じ部屋にいた人たちも皆、明らかに私の答えを待っていた。人は皆、年齢を問わず学びと発見の旅をともにしているのだ。

遠方からの観測で宇宙についてどれほど多くのことが学べるようになったか、それを知るだけで驚きかもしれない。事実、直接探査するより、望遠鏡を使った研究から多くを学んできたと言うのが妥当だろう。だが、そこには限界があり、技術力に依存するところが大きいのだ。

遠方からの観測にせよ直接の探査にせよ、技術が発展して宇宙探査の新たな方法が見つかるにつれ、太陽系や惑星に関する私たちの見解は変化し、進化するだろう。だが、宇宙船に乗船する前に、太陽系についての現在の見解をもたらした重要な発見をいくつか把握するため、過去を少し振り返ってみよう。

さまよえる星?

私は「太陽系」という言葉を、太陽の影響下にある宇宙空間という意味で使う。そこには、水星、金星、地球、火星、木星、土星、天王星、海王星という惑星と、多くの彗星や小惑星がある。このような天体は独立して動いているので、私たちの遠い祖先はこれらの天体がまわりの星々とは異なることを知っていた。事実「惑星(planets)」という言葉は、ギリシャ語で文字通り「さまようもの」を意味するplanetesからきていて、〔星座を形作る動かない〕星々を背景に行き先を定めずに動いて見えることを見事に表わす言葉である。

地球はこの宇宙体系の中心にあり、太陽、月、惑星、恒星はすべて私たちのまわりを回っていると何世紀もの間信じられていた。このモデルは「地球中心説(天動説)」として知られ、ギリシャ人でもエジプト人でもあった学者、クラウディウス・プトレマイオス(トレミー)の著作の一つに明確に述べられている。しかし、たとえば、火星が天球上でループを描くように奇妙に逆行するような惑星運動をより詳細に観察することにより、地球は太陽系の中心ではありえないことが判明した。紀元前三世紀頃にもう一つのモデルが提唱されたが、この考えは、ニコラス・コペルニクスが太陽中心の体系の概念を提唱した一六世紀までまともに支持されることはなかった。

今私は（かなり）はっきりとわかった

一六〇八年、オランダの眼鏡職人ハンス・リッペルスハイ[2]による望遠鏡の発明は、太陽系天体の研究、ひいては、それらの起源を理解する力への真の転換点であった。この新たな素晴らしい発明とそれを改良した後続機をもって、天文学者たちは地球のいとこ惑星の大いなる謎をいくつか明らかにしたが、発見にはいつも限界があった。

細部を見ようとしても、光が私たちのところへ至るときに通過しなければならない大気の状態による制約があった。問題は雲だけでない。産業が徐々に発展するにつれて大気中の塵や汚染の量が増えていったことも問題だった。さらに、沸騰する湯の中を覗いたときのようにきわめて不安定な大気が、像を激しく乱すこともしばしばだった。唯一の解決法は像を近くから見ることで、それには望遠鏡を、そして実際には人間すらも地球の大気の上まで上げなければならなかった。

ロケット・マン

宇宙旅行に必要な技術は、宇宙旅行を実際に行なおうという考えのずっと前に出てきつつあった。中国の火薬の実験が馴染み深いだろうが、ロケット推進の最初の兆しは紀元前四〇〇年頃、アルキタ

ヘロンの蒸気機関の模式図
アレクサンドリアのヘロンはのちの蒸気機関の原形と考えられるものを作ったと言われている。燃える火の上に水の入ったボウルがあり、ボウルには二本の管が垂直に立っている。管は蒸気を集めて一つの球の中に通すが、球にはL字型の管が二本逆方向についていて、そこから蒸気が逃げて球が回転するようになっている。

スというギリシャ人が水を満たした木製の鳥に紐をつけて火の上に吊し、逃げる蒸気で推進力を得たときに現われた。

これは最も簡単な形ではあるが、すべての作用には、同じ大きさで方向は反対の反作用があるというニュートンの運動の法則を示す記録上最初のものであった。アルキタスから数百年後には、アレクサンドリアに住むヘロンというギリシャ人が、作用と反作用の概念に基づき、のちのモーターの原形と考えられるものを作った。燃える火の上に水の入ったボウルがあり、ボウルには二本の管が垂直に立っている。管は蒸気を集めて一つの球の中に通すが、球にはL字型の管が二本逆方向についていて、そこから蒸気が逃げて球が回転するようになっていた。

化学ロケットの最初の出現は特定しにくいが、最も初期の実験の中には明らかに中国人がいたはずだ。火薬に似た物質を竹筒に詰めて火の中に投げ入れ、爆発を起こす宗教的祭事の中で、彼らは、そうしたロケットを作れるかもしれないと気づいた可能性がある。

爆発により筒が火の外にはじき出されたのを見た人が、化学物質で物体を推進するアイディアに気づいた可能性が高い。彼らは、矢を弓から放つときよりもっと遠くへ飛ばそうと、火薬を詰めた竹筒に矢をつける実験を始めた。そしてその時、弓は不要で、ロケットの力だけ使って矢を放てると気づいたに違いなかった。

現代のロケットの先駆けと考えうるものが最初に使用されたのは、一二三二年のモンゴルと中国の戦争「三峰山の戦い」のときのことだ。モンゴル軍は、のちの歴史書に「火箭（かせん）」と記されたものを使用した中国に退却させられた。

モンゴル人にとり脅威と思われたのは、片端をふさいだ筒に火薬を詰めた単純なロケットだった。火薬に火がつくと後端の開いた部分から「炎」が出て、ロケットを前進させる推力を生む。方向は、ロケットの後方に突き出した長い棒でまっすぐに保たれた。

これらの原始的なロケットのあとに多くの改良や強化はあったが、宇宙探検に最も直結したものは、おそらく、一五〇〇年代にドイツの花火職人のヨハン・シュミットラープにより製作されたものだろう。彼は「多段式ロケット」として知られるようになるものを発明し、それが、一九六九年にアームストロング、オルドリン、コリンズを月へ打ち上げたアポロ一一号のサターンV型のようなロケットの先駆けとなった。

シュミットラープの発明は、二つ目の小さいロケットをさらに上空まで運べるように大きいロケットを使用した多段式花火で、最初のロケット・エンジンが燃焼を終えたときに二番目のロケットが点火するのだった。もちろん、当時これは花火にだけ使われていたが、その概念はのちの今日でも打ち上げ用ロケットに使われている。

一六世紀中国の驚くべき言い伝えでは、ロケット輸送を最初に試みたのはワン・フーだったという。[3] 彼は、ロケットで推進する椅子を組み立てたと言われているが、その椅子は、約五〇個の中国式「火のロケット」を備えた凧に吊されていた。ワン・フーが指令を発すると、助手たちがロケットに点火した。すると言い伝えによると、恐るべき咆哮が響いて雲のような煙が立ったが、煙が晴れるとワン・フーは消えていた。

ワン・フーの体が見つかることはなく、本当のところ彼がどうなったか知る者もいなかったが、ロケット椅子に乗り天に駆けていったというよりは、奇妙な装置が爆発してワン・フーを木っ端みじんに吹き飛ばした可能性が高い。幸い、現代のロケット飛行にも当然悲劇はあるものの、これより少しは安全だ。宇宙飛行の最初の五〇年間には、一八人の宇宙飛行士が計四回の事故で亡くなった。一九六七年には、ソユーズ一号が地球大気に再突入したあとパラシュートが開かなかった。一九七一年、ソユーズ二号が宇宙ステーションから切り離された直後に減圧した。一九八六年、スペースシャトルのチャレンジャー号が打上げ後に分解した。二〇〇三年、スペースシャトルのコロンビア号が再突入の際に分解した。

ロケットが最初に発明されて以来、宇宙探査は急速に進んでいった。一九六一年、宇宙飛行士のユーリイ・ガガーリンが地球を軌道周回した最初の人になり、そのわずか八年後に歴史的な月面着陸が達成された。その後、焦点は居住可能な宇宙ステーションの類いの開発に向かったが、それは、主要な推進・着陸システムを持たないという点で宇宙船と異なっていた。

最初の宇宙ステーションは一九七一年に打ち上げられたサリュート一号で、初期の後続機と同様一個の単体として打ち上げられるように設計されていた。一九八六年、ミールやその後の国際宇宙ステーション（ＩＳＳ）の打上げとともに状況は変わり、これらはともに、打上げを何段階かに分けて宇宙で構築するように設計されたモジュラーシステムだった。二一世紀には、ＩＳＳは軌道上で運用可能な唯一の宇宙ステーションとなり、今では一四年間以上も続く恒久的有人施設である[4]。

信じ続けなくてはいけない

宇宙旅行をした個々人は概して高度な訓練を受け、慎重に選抜されている。とはいえ、そうでない人々が夢を見るのをやめることはない。オルドリンからライトイヤー[5]まで宇宙飛行士は英雄として崇拝され、人々は彼らを尊敬し、往々にしてその真似をしようとする。だがそれで、彼らの足跡をどうやったらたどれるだろうか？　宇宙旅行はルーティンになるには、明らかにもっと簡単で安全で、安くならなければならない。

だが、進み具合は上々だ。つい最近できた宇宙ツアーでは、人工衛星などの軌道まで行かない宇宙飛行の価格は一座席一五万ポンド[6]ぐらいだ。宇宙へ本格的に行くには――「本格的に」と言うのは、上へ上がってすぐ降りてくるだけの旅ではなく、地球を軌道周回し、数日ではなくとも数時間は無重力を経験するということだ――二千万ポンド[7]ぐらいかかる。ポケットマネーという額ではない。これらはどちらも巷の普通の人々には手が届かないかもしれないが、それでもこのような商業的宇宙計画によって、訓練を受けていない一般人が宇宙へ行く手段を初めて買うことができるようになった。それはきわめて興味深い方向への大躍進で、今後の行方が注目される。来る年月の中で私たちの行く先など誰が知るだろうか。

だが今のところは、ほとんどの人は想像力の中に慰めを探さなければならないだろう。私は今でも子供時代や「宇宙飛行士」を夢想したことを振り返るが、それを今日の意味合いで見ると、現実に起こる旅であり報告であり発見なのだ。宇宙や宇宙空間について今日まで学んできたことすべてをもってしても、太陽系を回り惑星を順に訪れている自分を思い描くと、気持ちがそぞろになる。そのような旅はどんなものだろう？　何を見て感じ、経験するだろうか？　本書はそんな旅に関するものだ。まず、太陽系の力学と惑星運動に関する知識から始めよう。そうすれば、これからの旅程を計画して旅の準備をすることができるだろう。地球や月を後にした私たちは、最初に地球軌道の内側の太陽系、すなわち太陽、水星、金星を訪れ、それから抜け出る過程で再び地球をスイングバイで回ることになる。

赤い惑星、火星を過ぎたあとは小惑星帯を抜けて先へ向かう。最初に出会う巨大ガス惑星は、太陽系で最大の惑星である木星だ。土星、天王星、海王星は旅程のその次で、その後、旅人は惑星間空間の深みにある謎の天体へと身を委ねることになる。

本書は、少なくとも理論上、太陽系を回って見知らぬ世界を訪れることができるかどうか確かめるという夢の延長である。さて、では支度をし、私たちならではの宇宙旅行へ出かけよう。

第 1 章

飛行計画

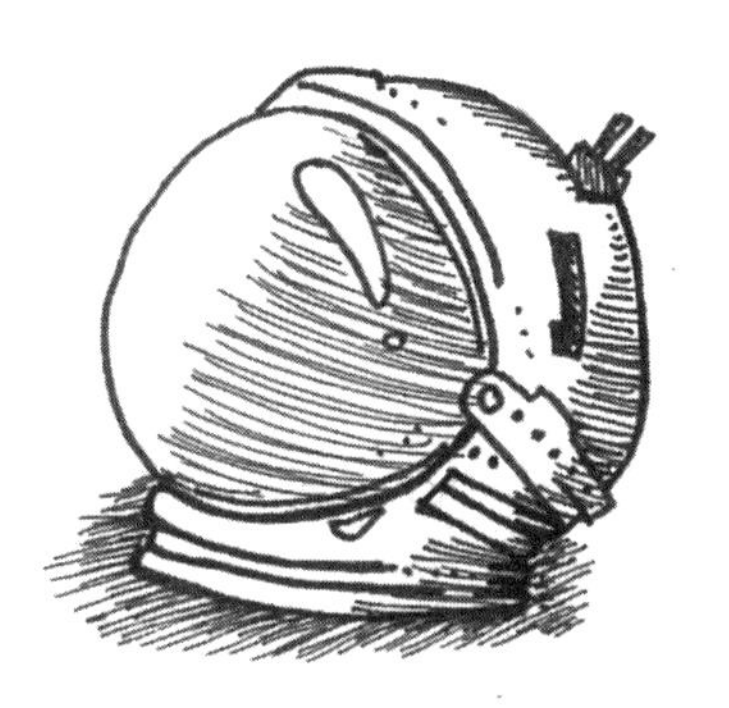

ほかの旅もそうだが、宇宙への長旅に発てるようにするには、まず、行き先と行き方を正確に決めなくてはならない。飛行計画が必要なのだ。地球上の旅なら、地表の地図は広範囲をすべて網羅しており、計画も実行もいたって簡単だ。一般的には、何も動かず、相対的な位置はすべて同じままなので、旅はとても単純だ。

たとえば車なら、行きたいと思う道や町や都市を正しくたどりさえすれば、目的は達せられる。飛行機でも、地球の湾曲を考慮すれば行きたい方向は比較的簡単にわかり、目的地に着くだろう。だが、宇宙旅行になるとそれほど簡単ではない。

太陽系をめぐる旅の本当のネックは、どこへ行くにも相当な時間がかかるので、天体の相対的な位置が変わってしまうことだ。たとえば、木星へ行きたいとして、宇宙船を単純に木星に向けると、その場所に到着するとき、木星はどこか他の場所へ動いているだろう。実際に必要なのは、算出された到着時間にその惑星がどこにいるか計算し、その場所を目指すことである。

それは、クレー射撃の的を撃つのにとてもよく似ている。狙う位置は、弾が届くときに的があるはずの場所でなければならず、さもないと的ははずれる。動いている物体を途中でつかまえることが必要不可欠なのだ。今回のように大がかりな旅の場合は物事はさらに複雑で、それというのも、二つ以上の惑星を訪れるときは複雑な計算、つまり複雑な軌道が要求されるからだ。だが、ボイジャーやパイオニアのミッションを振り返ってその計算を学び、今回の飛行ルート計画に役立てることができる。

私たちは長年かけて、太陽系内の運動を非常によく理解できるようになった。主要な天体も非常に多くの小さな天体も、ある時間にどこにあるかすべてわかるということだ。驚くべきことだろうが、惑星運動に関する私たちの知識のほとんどは、数千年にもわたる肉眼での観測から得られている。「はじめに」でも見たように、人類が空を見るようになった最初のとき、一握りの「星」は他の星と異なることが明らかになり、それらは惑星として知られるようになった。

惑星が太陽系をどう動いているかの解明には綿密な研究が役立ち、その結果、惑星の動きは、プトレマイオスが概要を述べた地球中心モデルでは完全に説明できないことがわかった。このモデルは修正され、惑星は地球のまわりで円軌道を描くという考えに代わり、周転円と従円という考えが提唱された。この体系では、すべての惑星は周転円という小さい円軌道を回り、周転円自体は、従円と呼ばれる大きい円軌道にのって地球を回る。これにより、惑星の奇妙なさまよい方はある程度説明できたが、それでもまだいくつか問題があった。

一五四三年、ニコラス・コペルニクスは別の考えを提唱したが、カトリック教会はこれがまったく気に入らなかった。この新たな太陽中心モデルでは、地球の代わりに太陽が太陽系の中心に移され、地球は太陽を回る惑星系の一つにすぎなくなった。この移動によりコペルニクスは、地球は当時知られていた宇宙の中で最も重要な天体であると信じていた教会と直接対立することになった。地球は神により作られたのだから、考えうる中で最も重要な位置、すなわちすべての中心に置かれているはずだと彼らは信じていたのである。

地球中心説は観測結果と合致せず、一六〇九年、ガリレオが「望遠鏡」と言われるようになった新発明の道具を使って観測を行ない、その最初の結果を出版すると、信憑性を失い始めていった。彼は、その著作『星界の報告』で月のクレーター、土星の環[1]、木星の四つの衛星を報告し、結局、カトリック教会を窮地に追い込んだのはこれらの観測だった。これに対し教会はガリレオを異端として非難し、ガリレオは亡くなるまで自宅に軟禁された。最終的に、教会は、その死から三五〇年後の一九九二年までこの件に関する公式の謝罪を表明することはなかった。

ガリレオが最初に観測を行なったのと同じ年、もう一人の天文学者ヨハネス・ケプラーは、自分の師匠であり当時すでに亡くなっていたティコ・ブラーエの行なった惑星の位置の観測を分析していた。この仕事からケプラーは、惑星運動の有名な法則のうちの最初の二つについて出版することになった。

ケプラーの第一法則は、すべての惑星は太陽のまわりを楕円軌道を描いて回り、太陽は楕円の焦点の一つにあると述べている。楕円は基本的につぶれた円であり、円の中心にある点を思い描けば、楕円の二つの焦点も想像できるはずだ。ここで、上下方向に円を押しつぶしたら、中央の点が二つに分裂して外向きに反対方向へ動かされたと考えてみよう。

太陽系の惑星の場合、この焦点の一つに太陽があることがわかり、惑星が皆この点を周回するように見えるのはこのためである。第二法則は、太陽と惑星の一つを結ぶ線（「動径ベクトル」という）が惑星の移動中に掃く面積は、同じ時間間隔なら同じになると述べている。換言すると、惑星は太陽に近づくほど動きが速くなり、遠ざかるほど動きが遅くなるということである。

一〇年後の一六一九年に出版されたケプラーの最後の法則は、惑星が軌道を一周する時間と太陽までの距離との間には数学的な関係があると述べている。ケプラーの言葉で言うと、「惑星の軌道周期の二乗は、太陽からの平均距離の三乗に正比例する」だ。

これは実に有用な関係で、ある天体が太陽を回る時間は観測で測ることが可能で、そこから太陽からの平均距離もある程度正確に計算できるからだ。同じ法則は他の衛星、たとえば木星の衛星にも適用できる。衛星の一つが惑星を回る時間を測れば、その衛星から惑星までの距離が計算できる。

ケプラーの三つの法則は太陽系の明確な全体像を描くのに役立ち、この旅には必要不可欠な情報となる惑星運動が予測できるようになる。だが、近隣惑星の理解に貢献した歴史的人物は、ケプラーだけではなかった。

一六四三年一月四日、アイザック・ニュートンはイングランドのリンカンシャー州ウールスソープと呼ばれる小さな村で生まれた。ニュートンは物理学と数学にまさに天賦の才能があり、あらゆる時代を通じて最も際だった科学的思考をした一人になった。その研究が人生の中で頂点に達したのは、一六八七年に重力の普遍的法則を含む『自然哲学の数学的諸原理』[2]が出版されたときだった。

宇宙のあらゆる二つの物体の間には力が働いていて、この力は二つの物体の質量と物体間の距離で決まることをこの法則は簡潔に述べていた。より正確に言うと、二つの物体の質量を掛け合わせ、その値を物体間の距離の二乗で割ると力が算出される。これは、二つの物体の距離は同じで質量が増せば、その間の重力は増すことを意味していた。

同様に、質量が同じでも物体間の距離が近くなれば、重力は増加する。このことから、ニュートンの庭の木からリンゴが落ちて彼を重力の「発見」に導いたとされる力が説明できるだけでなく、月がどのように地球を回り、地球がどのように太陽を回り、さらに、星々がなぜ銀河の中心を回るかも説明がつく。事実、重力（ニュートンの言葉で言うと、ラテン語で「重さ」を意味する「グラヴィタス」）は、宇宙にあまねく広がり、銀河を巨大な銀河団にも結びつけるのだった。

『プリンキピア』という短い名で呼ばれることの多いこの著作の中で、ニュートンは運動に関する三法則も明確に述べた。まず、物体は運動の状態を変えようとしないことに関する慣性の法則である。この法則は、〔一定の〕運動をしているいかなる物体も、外部から力を受けて加速されない限り現在の運動の状態を保とうとすると述べている。惑星の重力や流星体の衝突、ロケット自体のエンジンのような外からの力を受けなければ、宇宙船はエネルギーをまったく使わずに進行方向と速度を維持して飛行するということで、宇宙探査にはこの法則はきわめて重要だ。

二番目の法則は、ある物体が加速するときの速さ〔の変化〕は、物質の質量と与えられる力に依存すると述べている。もっと正確に言うと、ここで言う力とは合力で、ある方向に一〇単位の力を作用させて宇宙船を進ませ、同時に、反対方向にも五単位の力を作用させるとしたら、宇宙船は五単位分の加速度でしか進まないということだ。これが合力で、ニュートンが第二法則で考えた力である。この法則は物体の質量を考慮すると少々複雑になる。というのも、物体の質量の増減は、加速度の増減にまったく逆の効果を及ぼすからだ！

ニュートンの三番目の最後の法則はおそらく最もよく知られており、すべての作用には、同じ大きさで反対方向に働く反作用があるというものだ。これは、二つの物体間の相互作用では必ず作用と反作用がセットになり、それぞれの物体に反対方向の力が働くことを意味する。これについては、自然界には鳥の飛行のような素晴らしい例がいくつもある。

鳥は羽ばたいて飛ぶが、羽を打ち下ろすたびに地面に向かう力を空気に与えている。この相互作用は鳥と空気の間に働き、したがってそこには、大きさは同じだが方向は逆の力が存在する。鳥が空気を下に押せば、空気が鳥を上に押す反対方向の力がある。働いている力は等しいが、方向は反対なので、鳥は空気中に留まっていられる。

ここまで、ケプラー、ニュートン、その他数人の科学者たちによる洞察力に富む目覚ましい研究を見てきて、人類のロケット飛行開発や太陽系の探査に向かう基礎が整った。この旅は彼らの発見の多くによるところが大きい。

太陽系のすべての惑星へ行くには、惑星の重力を利用して、宇宙船の速度（速さと方向）を変化させることが必要だ。地球の軌道を離れて太陽へ向かう宇宙船は太陽の重力で加速されるため、内惑星へ行くのは実はとても簡単だ[3]。

軌道が正しければ、内惑星のフライバイは実際きわめて容易になる。だが、外惑星への飛行はこれよりややコツが要り、それというのも、太陽から遠ざかるときは太陽の重力によるマイナスの加速度が加わり、宇宙船が減速するからだ。外惑星への飛行の場合、何らかの助けがなければ、燃料は信じがたいほど多量に必要となる。

事実、その量はあまりに多いので、地球からただ打ち上げるだけにしても無理である。高速で飛行する宇宙船は、軌道をわずかに変えるだけでも膨大な燃料が必要になるからだ。宇宙船は、積む燃料が増えるほど重くなり、そして重くなるほど、打上げの最初の段階で必要な燃料が増えるので、問題は解決しない。だが、惑星の重力を望み通りに利用できるなら旅の助けになる。

この重力アシストもしくは「重力的スリングショット」として知られる軌道修正法は、最初は一九七三年に、水星と金星に向けて打ち上げられたマリナー一〇号で使用された。それ以来これは、ほとんどすべての惑星間飛行で使用されて成功を収めたが、その中には歴史的なボイジャーやパイオニアのプロジェクトも含まれている。もう一つの見事な例はカッシーニ計画で、これは、最初に金星を二度、その後地球と木星の周囲で一度必要な速度を獲得したあと土星まで飛行した(4)。

同様に、水星に向かったメッセンジャー探査機も、この一番内側の惑星の周回軌道に入れるように速度を落とすため、事前に、地球、金星、水星（三回）の重力を利用した。原理は簡単だ。宇宙船が惑星の重力場を通り抜けるとき、宇宙船と惑星は互いのエネルギーを交換する。近接通過の力学によれば、宇宙船がエネルギーを得て速度を増す一方、惑星はほんのわずかエネルギーを失うか、もしくはその逆である。太陽系を回る大旅行の場合、重力アシストは宇宙船の方向の修正だけでなく、速度を増すことにも使われる。

さて、この概念は複雑だが、エネルギー保存の普遍的法則の中で、ある系のエネルギーの総量は常に一定であるということが明確に述べられている。したがって、惑星の重力場を通過する宇宙船は、そこに接近するときは速度が増すが、再び去るときは減速する。エネルギーの保存は成り立つはずで、この場合も、惑星の側から見てもまさにその通りだ。

惑星フライバイは一見すると矛盾しているようだが、今日の宇宙飛行でも有用だ。惑星の側から見れば、宇宙船と出会ってもその位置は変わらない。だが、惑星は接近する宇宙船よりずっと重いので、宇宙船は接近時に惑星からエネルギーを得て速度を増すが、その後離れるときは同じ量のエネルギーを失って減速する。

変化するのは宇宙船の方向なので、惑星に近づくほど方向の変化は大きくなり、最大では、宇宙船がもと来た方向に戻る一八〇度になりえる。[5] だが、系内のエネルギー総量は一定で、速さは変わらず方向だけが変わる。

　では、太陽の側から見たときのこの出会いを考えてみよう。見ての通り、惑星は、惑星の側から見たときのように不動ではなく、動いている。この惑星のそばを前と同じように通り過ぎる宇宙船は、太陽から見た速さが増すが、これは、惑星の軌道周回の速さからエネルギーをかすめ取っているからだ。これが太陽から見た宇宙船の速さが増す理由で、つまり計算上では、惑星の速度が加わることで宇宙船の速度との合計になるのである。

　これは理解しづらい概念かもしれないが、テニスの試合で対戦相手にボールを打ち返すことを考えると想像しやすいだろう。あなたはグランドスラムのチャンピオンと対戦していて、チャンピオンに向かって時速二〇キロのボールを打つとしよう。だが、彼女はあなたよりテニスがずっと上手で、ラケットのスウィングは時速五〇キロという強さだ。

　チャンピオンのラケットから見れば、時速七〇キロというものすごい速さで飛んでくるボールを受けることになるが、この速さは、彼女のラケットの速さとあなたの弱いショットの速さを足した値である。相手がボールを打ち、ボールがあなたの方へ遠ざかり始めたとき、時速五〇キロで動いている相手のラケットから見える速さは、ボールが接近してきたときと同じ時速七〇キロだが、あなたがそれを受けるとき、ボールは時速一二〇キロという信じがたい速さでやってくるだろう。対戦相手のラケットに関する限り、ラケットが静止していると考えた場合、ボールの速さは、接近するときもその後遠ざかるときもラケットに当たる瞬間のままだ。

重力的スリングショットのときも、太陽からの視点で見れば、チャンピオンのラケットが動いていて、ボールが当たったあとボールの速度は増すが、この相互作用の結果、ラケットの速度はほんのわずかだけ遅くなるのと同じである。惑星を回るロケットも同じで、太陽系をめぐる宇宙飛行で重力的スリングショットを慎重に使うことが必要不可欠となる。

惑星間旅行をやりとげるには、重力的スリングショットをできるだけ多く利用して、惑星をめぐる軌道を調整するよう、惑星周回ルートを決める必要がある。スリングショットの回数を最大にすれば必要な燃料が最小になり、結局、打上げ時の重量が減少する。ただ、そうした惑星の配列の機会はかなり限られている。

これは、ボイジャー計画のとき使用されて首尾よく成功した考え方である。ボイジャー一号も二号も木星と土星でスリングショットを行なったが、土星を回るタイミングと力学はわずかに異なっていた。土星に出会ったあと、ボイジャー一号は太陽系外に出されたが、ボイジャー二号は引き続き天王星と海王星の探査に向かった。私たちの飛行を成功させるには、惑星を順番に訪れることができるよう、惑星が完璧に並ぶ時期を突き止めることが必要不可欠だ。

正しい配列を確認して打上げ日が決まったら、〔宇宙空間での〕航路を計算することができる。打上げはタイタン・セントール・ロケットで、まず月を通り越し、その後太陽系の内側を進み太陽に向かう。もちろん途中で内惑星に寄ることはできるが、これはフライバイを行ない、のちに外惑星へ着けるよう軌道を調整して速度を上げるのにも役立つ。

残念ながら、すべての軌道は太陽に対するものなので、速度に関しては太陽でのフライバイから得るものは何もない。旅行者は、わずか六ヵ月後に太陽に最接近し、その後四ヵ月のうちに水星と金星を回ることになる。そして、金星の一回目のフライバイのあとに太陽をもう一周し、一〇ヵ月後に金星の二回目のフライバイをして太陽に対する速度を時速二万一〇〇〇キロメートルになるまで上げる。

二度目の金星最接近後、外惑星への軌道をとる地球フライバイのため、地球を最後に見る感動にひたることになるだろう。そのわずか五ヵ月後には火星に接近し、さらに四ヵ月後には、恐るべき小惑星帯横断に挑戦することになる。小惑星帯を過ぎたあと、木星、土星、天王星、海王星、最後に冥王星へ向かう航行では、ペースが遅くなり始め、探査は太陽系の最深部へと向かっていく。

太陽系の果てには、冥王星や氷のカイパーベルト天体の先に、まだ何か巨大惑星があるのだろうか？　存在するとしても、それを突き止められるチャンスはかなり低いが、旅は続き、太陽の影響の及ぶ領域に星間空間が入り込み始める、いわゆる「末端衝撃波面」という場所を通っていく。ここをさらに越して太陽圏界面、すなわちヘリオポーズに着くと、最後は星間空間の旅になる。

長年かけて馴染み深い太陽系を回り終わったあとも、旅が終わるわけではない。旅行者は帰還するが、宇宙船はヘリオポーズをあとにして、理論上の天体であるオールト雲へ向かう。しかし、何と飛行時間が一五〇〇年にもなる深宇宙である。最後の旅程は無人で、最終目的地は、てんびん座の方向へ二〇・二光年の彼方にあり、行くには約二三万九〇〇〇年かかるグリーゼ五八一という星である。

＊

打上げ日と飛行計画が決まったら、旅の方法をきちんと考える必要がある。ロケットはこの旅にまさにぴったりの装置だが、どのようなタイプの推進方法を選ぶのがよく、最も適した宇宙船はどれだろうか？

初期のロケットエンジンは、ちょうどスペースシャトルの固体ロケットブースターで使用されていたような固体燃料を使っていた。あらかじめ混合された固体燃料に点火すると推力が生まれ、シャトルが上へ進む。固体ロケットブースター内の混合物はもともと高濃度の液体であり、硬化してさまざまな形になる。典型的な固体ロケットは、ほぼ全長が一本の空洞になっているシリンダー型だ。

点火は空洞の中で行なわれ、燃料は燃えるとロケットの外筒に向かって広がっていく。興味深いことに、シリンダーの内側の形を変えて表面積を増やすと、推力も増やせる。したがって、シャトルのブースターは、シリンダー内側の表面積が最大限になるように星形になっている。固体ロケットシステムは、液体燃料を使うもう一方のロケットより製造費が安いが、いったんエンジンが点火すると停止や再起動ができないため制御がしにくい。

「比推力」という言葉は、ロケット推進系がどのくらい効率的かを表わし、ある与えられた推進剤と時間でどれだけの力を生み出せるかで表現される。固体燃料ロケットは安価で、車ではまだ広く使われているものの、低い比推力しか持たない。比推力が上がるということは、決められた推力を生み出すのに必要な推進剤の消費が低くなることを意味する。宇宙旅行に必要な燃料はこれにより決まるので、比推力はとても重要な要素である。

固体ロケット燃料に代わるものは、一九二六年にロバート・ゴダードの液体推進ロケットのテストにより発明された。固体ロケットは燃焼が遅く、中断不可能であるのに対し、ガソリンと液体酸素を使った新たな液体ロケットは必要な発熱反応を生み出した。しかし、この時には重要な違いがあった。二つの化学物質は別々に貯蔵されて燃焼室に注入されていたのだ。

生み出される推力は化学物質の単位時間ごとの注入量で決まったので、ロケット・エンジンは始めて制御が効くようになった。同じ原理は、ニール・アームストロング、エドゥイン・オルドリン、マイク・コリンズを月へ運んだ大規模なサターンV型ロケットでも使用された。ロケットは組み立てると全長約一一〇メートル、重量約三〇〇〇トンになったが、そのうち約二五〇〇トンは燃料だった。打上げの際の燃料経済性は、一ガロン〔約三・八リットル〕当たりたった一七・七センチメートルだったが、それでも計画が進むにつれて急速に改善されていった。普通の車の燃費が、一ガロン当たり大体四四キロメートル〔一リットル当たり約一二キロメートル〕であることと比較すると、ロケットを飛ばすにはいかに費用がかかるかわかるだろう。

実際には、サターンV型ロケットは三つの異なる段からなっており、それらはすべて宇宙飛行士を地球の軌道に上げるのに必要だった。前の段は燃料が尽きると切り離され、次の段が点火される。各段は燃料がなくなったら切り離すのが効率的で、そうしないと余分な重さを一緒に運ばなければならず、それは必要な燃料が増えることを意味する。実際に月に行った比較的小型のコマンドおよびサービス・モジュールは、サターンV型ロケットの一番上に位置し、航行中の軌道修正に圧縮ガスと細いノズルを使用していた。最後の液体ロケットにより、月の軌道を離れて地球へ帰ることができた。

サターンV型ロケットで採用された液体燃料系は、固体ロケット燃料よりも高い比推力を持つ液体水素と液体酸素を混合推進剤として使用していた。どちらの技術も巨大な推力を生み出すことができるが、比推力可変型プラズマ推進機、略称VASIMRとして知られる新しいもう一つの方式と比較すると、比推力は比較的低い。

VASIMRは比推力がはるかに高く、そのため長期間にわたる旅がきわめて効率的に行なえるが、推力は非常に小さい。A4の紙を手のひらに乗せたと思ってみよう。この紙の重さが手に与える力が、VASIMRエンジンで生成される推力と同じなのだ。

VASIMRエンジンの背後にある原理は単純で、他のすべてのロケット推進系と同じようにニュートンの「運動の第三法則」を利用している。このアイディアは、元宇宙飛行士のフランクリン・チャン‐ディアスが開発したもので、高温のプラズマを後方へ噴出するのに磁場を使うものである。これは、今まで見てきたような発熱反応で化学物質に点火する従来のロケットとは異なる方法だった。

その仕組みを理解するには、まず、原子の内部の振る舞いを理解しなければならない。原子核の中は、中性子と陽子と呼ばれる粒子の組み合わせからなっている。陽子はプラスの電荷を持ち、中性子はその名が示す通り中性で、電荷をまったく持たない。核を取り囲むのはマイナスの電荷を持つ電子の殻で、原子の性質を決めるのはこれらの電子と核の中の陽子と中性子の組み合わせである。

たとえば、一つの水素原子には、核の中にプラスの電荷を一つ持つ陽子とそのまわりをマイナスの電荷を一つ持つ電子が回っているが、ヘリウム原子は陽子が二つと、ヘリウムのタイプによって異なる数の中性子、そして二つの電子を持つ。おわかりのように、一般的に陽子の数と電子の数は釣り合うので、結果的に電荷は中性になる。

もし、原子から電子を一つ取り除いたら、原子はプラスに荷電し、電子を一つ加えたらマイナスに荷電する。この過程はイオン化として知られ、ＶＡＳＩＭＲエンジンを働かせる上で重要な概念となる。ロケットの内部では、電荷のない水素が電子をはぎ取る磁場に注入され、水素はイオン化されてプラスに荷電する。

イオン化された水素はその後二番目の磁場に移され、そこでちょうど電子レンジで使われるような電波でセ氏五万度以上に熱せられる。この加熱で気体はプラズマに変わるが、これはしばしば物質の第四の状態と言われる固体でも液体でも気体でもない状態である。プラズマは荷電した粒子がかなり多く存在するため、他の三つの状態とは明らかに異なる。その後プラズマは三番目の最後の磁場に通されるが、この磁場はプラズマを放出し、ロケット前進の推力を生むノズルのように働く。

この型のエンジンの大きな利点の一つは、比推力が高くても飛行中の調整が可能なことだ。もっと高いレベルの推力が必要なときは比推力を減らすことができ、たとえば巡航中のように、推力は低くてもよいが効率が重要なときは、比推力を上げることができる。

こうした性質からＶＡＳＩＭＲエンジンは太陽系飛行の優れた選択肢となっているが、それというのもこの性質によりロケットは、従来の液体燃料や固体燃料のロケットと比較してはるかに長期間、低加速で航行できるからである。ＶＡＳＩＭＲロケットにはさらにもう一つ、素晴らしい長所があるが、それは水素を使うということだ。これは戦略上優れた選択である。理由は、水素は宇宙で最もありふれた元素の一つなので、太陽系航行中も燃料補給が必要になったときに容易に入手できるからだ。

この旅行では、これらのロケット・システムを実際にすべて利用することになるだろう。地球の大気圏を出て軌道に入るときは、高い推力の液体燃料か固体燃料を使い、その後の航行中は、旅の速度を上げるようＶＡＳＩＭＲの新技術に頼ることになるだろう。おそらく、このようなエンジンの最も重要な利点の一つは、燃料が少なくてすむことである。これは、宇宙船を軽量に留めながら、星間空間へ突入する際の推力はきわめて効率的な形にしておけることを意味する。

方式の異なる二つ以上の推力を利用するのは珍しいことではなく、これは、小惑星帯で最大級の二つの天体、ヴェスタとケレスを調査したＮＡＳＡのドーン・ミッションでも実施された。二〇〇七年にドーン探査機を打ち上げたデルタ七九二五‐Ｈロケットでは、液体燃料と固体燃料の両方を組み合わせて使っていた。ドーン探査機は地球軌道に入ると〔地球軌道から脱した後〕イオン・エンジンで動いていたが、これはＶＡＳＩＭＲの考え方にきわめて近かった。

*

太陽系の巡回航路とロケット技術が決まっても、出発の前に考えなければならない生理学的な問題がいくつかあり、そこで宇宙船と装備の選択が重要になる。大気と磁場がある惑星の地表で暮らすということは、宇宙の過酷な状況から守られていることを意味する。この保護された環境の外へ出るやいなや、そこには呼吸する空気も血の沸騰を防ぐ大気圧もなく、致命的な量の太陽放射があるという予想がつく。

これらは宇宙を探査する人類が直面する困難の一部にすぎない。人間は、見かけの無重力〔無重量〕や骨や筋肉の密度の問題の中に投げ込まれるし、旅が精神的に辛いことは言うまでもない。幸い宇宙船が改良され、宇宙飛行士が宇宙空間で暮らし、呼吸できる生活をサポートされるようになった。また、宇宙服も進歩し、宇宙飛行士が船外を探査できるようさらに改善された生命維持システムを備えるようになった。

人工的な環境が、地球軌道を短期間回るだけの場合や月への往復の際には十分だとしても、宇宙で長期間過ごす宇宙飛行士が直面する最大の困難の一つは、無重力で筋肉と骨密度が徐々に減少することである。地球上では、私たちは重力による引力でしっかりと地表に留まっており、それを体重という形で感じている。重力がなければ、単に飛び上がるだけで宇宙空間へ浮き上がっていくのがわかるだろう。

この重さのない効果は宇宙飛行士が体現しているように思われるが、それでも地球の重力はしっかりと存在しており、事実、重力はある意味では浮遊体験にも影響する。軌道周回する宇宙船は地球の重力に引かれ、地球に向かって常に落ちようとするが、宇宙船は地上へ落下せず、つまるところ地球の湾曲に合わせて湾曲した軌道を進むことができるようにしているのは、この前向きの運動である。国際宇宙ステーション（ＩＳＳ）に搭乗した宇宙飛行士はこの無重量環境に住み、そこでは、宇宙ステーションもその中のすべてのものも同じように落下しているのである。

自分が一時的に少しだけ軽くなった経験は誰にもあり、それはたとえば太鼓橋でスピードを出しすぎたときだ。自分たちと同じように、車も中のすべてのものもいつもより少し速く落ちていき、体重は何分の一秒かの間少しだけ軽くなり、胃が飛び出るような感覚になる。次の段階は、大幅に改装した民間機に乗ったときに起きる「ゼロG」飛行だ。

通常の離陸後、高高度に上昇し、その後パイロットが機首を急に下げる。この降下率は厳密に決められていて、中のものはすべて同じように落下し、そのわずかな時間に機内の人々は浮かび上がる。これは軌道周回中の宇宙飛行士とまったく同じで、重力がなくなるわけではなく、人々が周囲のものと同じ速さで落下しているだけだ(6)。

このような環境では筋肉や骨は体重を支える必要がないので、時の経過とともに弱くなる。一般に信じられているのとは違い、大人の骨は固い不変のカルシウムの塊ではなく、体の中でも非常に変化していく部分で、そこにかかる負荷や力に応じて常に作り直され新しくなる。長期間の宇宙探査では、宇宙で一ヵ月間過ごすごとに骨量が一～二パーセント減ることが研究で示されている。

これは骨格構造のかなりの弱化で、特に脚や腰で顕著である。運動不足だと往々にして筋肉が減少するということはおそらく誰もが多少とも知っているが、ちょうど骨と同じように、筋肉も無重力環境では弱くなっていく。もちろんこれは宇宙では問題にならないが、地球に帰還するとすぐに違いに気づくはずだ。

問題の解決法は二つある。一つはたくさん運動することだ。宇宙飛行士はこれを目標にして、宇宙にいる間は運動器具を使って多くの時間を過ごす。これは数ヵ月から一年間ぐらいの宇宙旅行なら実行できるが、それでも、一日の中で体力を完全に維持できるだけの時間を運動するのは不可能だ。宇宙探査期間が現在計画中の旅のようにもっと長くなると、より効果的な解決法は、乗船中に人工重力を発生させることだ。

多くのＳＦ映画とは異なり、スイッチをひねれば重力が突然現われるような魔法の装置はまだ存在しない。しかし、きわめて強力な磁石を使って同様に強力な磁場を作り、この中で何も知らないマウスを空中浮揚させる実験は存在した。このシステムは地球の重力と逆の作用を持たせ、マウスを宙づりにする一Ｇの重力の環境を生み出す効果を持つ（一Ｇは、私たちが地上で感じる重力のことである）。

同様の磁気システムは理論的には宇宙でも使用でき、一Ｇの重力場を作り出せるが、この方法には問題がある。まず、このように強力な磁場が人体にどのような影響を与えるかがわかっていないし、二つ目に、もっと実際的なことだが、このような巨大磁場を作るには恐るべき巨大な電力が必要である。

しかし、この旅に役立つもっと現実的な解決法が存在する。新たな磁場を作ろうとする代わりに、他の力を使って重力に似た効果を作るのだ。これはすでに、エレベーターが上がるときにいつも経験しているだろう。エレベーターの中に立ち、動き出すのを待つときに感じるのは一Ｇだが、エレベーターが上方向に加速すると一時的に重さをやや重く感じるのだ。

エレベーターの加速は、中の人が床に少しだけ強く押されることを意味し、これは、重力による引力が少し増すことと似ている。このように、上昇するエレベーターで感じるのとまったく同じように、直線的な加速を使って一Ｇを作り出すことができる。宇宙船が一定の割合で正確に加速すれば、中のものにはすべて反対方向の力がかかって重力に似た経験が得られる。宇宙船後部の外殻構造は、地上にいるように歩き回ることができる床同然となる。

このように、固体あるいは液体燃料ロケットを使った従来の技術は一Gの環境を完全に模倣できるが、燃料は数分間で尽きてしまうだろう。ＶＡＳＩＭＲのような比推力の高い別の燃料を使うことは可能だが、それでも現在のところは推力は低いレベルだ。もっと一般的なアイディアは回転を使うことで、その場合、回転する宇宙船にいる人は宇宙船の外殻構造の内側で重力を経験することができるだろう。

大きなドーナツ型のモジュールは、特定の速度で回転させて重力をシミュレーションできるので、船内の人々は歩き回ったり外殻構造の内側で普通に作業したりすることができる。物体は適切な速度で回転すれば、重力に似た状態が物体の外部分に生じる。仮に、家の一部屋を一分間に約一七回の速度で回転させることができれば、中の人は天井につけられた椅子に座ってこの本を読むことができるはずだ。

重力に似た力を回転によって作るときは、好ましくない副次的効果が存在し、主にそれはコリオリの力である。これはすでに聞いたことがあるかもしれないが、往々にして誤解されている概念である。流し台などの排水口を水が流れ落ちるときの回転方向が北半球と南半球で異なるという主張は間違いだが、コリオリの力は大気については確実に影響する。

その好例は、北半球で地表を流れる空気塊の動きである。このような空気塊が極地方から赤道へ動くことを考えてみよう。この運動は、地表で天気を観察する人から見ると直線的な動きではなく、地球の自転により、動く方向を基準にして右回りの回転が生じている。高気圧や低気圧に回転を生じさせるのはこの効果なのだ。

　コリオリの力からくる見かけの力は回転軸と直角に働くので、回転軸に向かうかあるいは遠ざかる宇宙飛行士は、同様に回転方向に向かうか離される力を感じる。このとき、めまいか吐き気の感覚が生じるが、それを克服する唯一の方法は、一分間当たりの回転速度を約二回転以下に落とすことだ。だが、その場合、要求される一Ｇの効果を生み出すには、はるかに大きな回転ドーナツが必要だ。

　もし、重力がシミュレーションできれば、筋肉や骨の質量の喪失をゼロにはできなくても最小限に抑えられるし、太陽系をめぐる長期飛行の経験もすべてはるかに好ましいものになる。

　心理的な困難は大きく、中でも乗船中は、夜間に良質な睡眠をとるという必要不可欠なことが完全に欠如する。ＩＳＳ乗船中の明るさの変化によって昼夜の認識が難しくなるが、その理由は、青空や毎日の日の出といった体内時計を調節するいつもの手がかりがないからである。事実、ＩＳＳの宇宙飛行士は毎日日の出と日没を一五回ぐらい見ているのだ。寝る前に窓の外を見る程度の簡単なことでも、脳に間違った信号を送り、夜間の睡眠を妨げかねない。

　だが、克服しなければならない最大の心理的問題はおそらく孤独感で、これは、乗組員が一人かどうかは関係ない。人間は生まれつき社会的な生物なので、他者と切り離されるのは致命的である。宇宙飛行士に関する研究では、ミッションが長くなるほど孤独感も強まることが示された。この影響は、アポロの宇宙飛行士たちが月の裏側にいたときに経験したように、地球が見えなくなると深刻になった。これは地球視界外問題（アース・アウト・オブ・ビュー）として知られ、この旅行でも太陽系を遠くへ進むにつれて深刻になるだろう。

宇宙飛行士が、性格テストや人格テストのほかに一連の心理学的検査に合格しなければならない理由の一つが、孤独感が予想されるためである。宇宙飛行士の選抜の際に考慮すべき最も重要な要素の一つは、ストレスがかかっても落ち着いて自制心があり、一人のときもチームのときも同じように仕事の質が高いという資質〔ライト・スタッフ〕があるかどうかだ。このミッションに耐えるには明らかに心も体も強靱でなければならない。

したがって、太陽系をめぐるこの壮大な旅には心身両面の備えが不可欠だ。宇宙でどのような輸送方式をとるにせよ、旅行者は最初に宇宙空間に行かなければならず、それには、秒速約一一キロメートルの高速を得て地球の重力から脱出することが必要だ。打上げの際にかかる力は、地表で経験する重力の三倍の三Gである。

博覧会場での乗り物によっては、体にこのような力がかかるが、それより良いトレーニング方法は、人間用の遠心力発生装置にしばらく乗ることである。このような装置はプロの宇宙飛行士が使うもので、長い腕の先端にカプセルがついただけの大きな機械である。旅行者がこのカプセルの中に座ると、機械全体が高速で回転する。この装置は二〇Gぐらいまで出せるが、宇宙飛行士が経験するのは三Gぐらいにすぎない[7]。

戦闘機のパイロットはこれより短時間だがもっと高いGを経験することがある。トレーニングを受ける人は、Gスーツという特別な服を着ると約九G、おそらく一〇Gまで持ちこたえられるが、それ以上は無理だ。したがって、人間用の遠心力発生装置を使えば打上げの経験はシミュレーションでき、離陸時の感覚や宇宙飛行自体でどんな経験するかに備えることが可能だ。

この章からわかったように、太陽系周回旅行に乗り出すに当たって直面する困難はたくさんある。宇宙飛行士は、ＩＳＳに長期間いると色彩が乏しく寂しいと報告しているので、この点も考慮が必要だ。また、ここまでは触れてなかったが、食事や衛生の問題も旅行中ついて回る。

だが、旅の支度は整ったようだ。宇宙船は、従来型の液体および固体燃料ロケットで地球軌道に打ち上げられ、その後、低出力で長期間推力が働くイオンエンジンを使用する。この宇宙船の名は、長旅を続ける宇宙飛行士のもう一つの燃料とも言うべきコーヒーを発見したと言われるエチオピアの羊飼いたちにちなみ、「カルディ」としよう。

星間空間への航行にはＶＡＳＩＭＲを使い、一Ｇの擬似環境を作り出すために、一分間に二回転以下の割合で宇宙船を回転させる。結局は、太陽系の惑星を訪れたときにそれらをきちんと観察するには、物理法則のことはしばし忘れ、《現実棚上げ装置》(8)と呼ばれるものを使わなければならない。これを使えば、惑星に接近してそれらの見事な細部をすべて調査できるだろう。結局、これが旅の主な目的の一つなのだ。

第２章

さよなら地球

地球　月

地球からの旅立ちは感動的な体験だ。発射間際にタイタン・ロケットの最下部の床に立つと、次の数呼吸が、新鮮な空気を肺に満たす最後の呼吸であることがわかり始める。振り返り、地上への最後の一瞥を向ける。突然、この瞬間のために何ヵ月間も費やしてきた訓練や準備がまったく不十分に思えてくる。

打ち上げの安全には必須のことだが、宇宙服は加圧されていて体の自由がきかないため、ステップを上がり、その後体を曲げてタイタンの小さなドアをくぐり抜けるのは大変だとわかる。中はとても狭苦しい。上昇中に減圧した場合に備えてあなたがコミュニケーション・システムと生命維持システムに接続されていることを、アシスタントたちは確認する。もっと重要なのは、宇宙船が相当ガタガタ揺れるため体が固定されている必要があることで、この点は二重に点検される。ついにドアが閉められて、生命維持システムが静かにシューシューいう音や、他の機器がうなったりカチカチいう音のほかは何も聞こえなくなる。壮大な旅が始まった。この瞬間、あなたはかつて経験したことのない孤独を感じる。

ロケット・エンジンが点火された。雷のような音がとどろき渡り、船室が荒々しく揺れ始める。ついにインターコムからはパチパチした音声で「離陸」が聞こえ、あなたはまさにそれを感じる。信じがたい加速だからだ。そして、体がシートに強く押しつけられる力を感じる。打上げ時の加速は約三Gなのだ。騒音と振動のため、あなたの全神経は、あらゆる攻撃を受けているかのようにそばだつ。

打ち上げのほとんどの作業は自動化されているが、簡単だがあなたがしなければならない重要な仕事が一つ二つある。たとえば、ロケットの各段を切り離す制御の開始だが、各段のたびに気力をくじくような激しい振動が生じる。だが、地球周回軌道に到達すると、すべてが始まったときと同じくらい突然、静けさが訪れる。まるで、太鼓橋を渡っていても決して着地しないような奇妙な感じがする。多少はお馴染みの無重量状態が始まったのだ。ベルトを外すと、ほとんど優雅とも言えるような姿であなたはシートから浮かび上がる。まさにこれだ！

打上げ時は加圧宇宙服を着る必要があるが、今はこの扱いにくい服をぬいで、もっと快適なジャンプスーツに着替えられる。間もなく覗き窓から外を眺めると、物資補給の際に接続しなければならない国際宇宙ステーション（ＩＳＳ）を見ることができるが、これは、打上げの際は荷物を最低限にし、その後どこか他の場所で補充する方が効率的だからだ。宇宙船「カルディ」は短時間の停止後にＩＳＳを離れて去って行く。居住区画がゆっくり回転して重力が静かに回復し始めると、平常の感覚が船内の生活に広がり始める。

長旅の別れの前、あなたは窓の外を見やり、地球を名残り惜しそうに眺める。宇宙から地球がこれほどはっきり見えると、それが何と美しく、またはかなく見えるかに気づく。地球の外見は完全な円形のようだが、本当は回転楕円体で、これは、地球が北極と南極を親指とひとさし指でそっと押したようにほんの少しだけつぶれているということだ。赤道の直径は一万二七五六キロメートルだが、両極間を計測すると四二キロメートル短く、一万二七一四キロメートルだ。地球の赤道の膨らみは自転が原因で存在し、地球が自転していることは、太陽、月、惑星、恒星の出没でわかる。

一日が二四時間というのは自転によるものだが、実際は、地球が一回転するのにかかる時間は二三時間五六分四秒で、端数は切り上げられている。この三分五六秒のずれのため、恒星は毎日三分五六秒早く昇り、西の地平線に沈むのも毎日少しずつ早くなる。人工重力が回転で作れることが前章で述べられていたのは覚えているだろう。地球が自転すると、赤道付近の物質はその回転にしたがって湾曲した経路を進むことになるが、この運動には抵抗があり、その結果赤道は膨らむ。

覗き窓からもう一つ見えるのは、太陽の白色光だ。地球からだと、太陽光はいつも黄色、あるいは、空の下の方ではオレンジがかった赤に見えるが、この違いは地球大気の影響である。大気を構成する気体分子は、波長の短い方の端の光を散乱させており、そのため空は青く見えるが、もう一方の端の黄色、オレンジ、赤のあたりはこの影響の受け方が少ないので、太陽は本当の姿より黄色っぽく見える。光学的には目を安全に保護した上で大気の影響はない宇宙から見ると、太陽は本当の色、すなわち白色に見える。

最初に地球の軌道を周回するうち、太陽は徐々に地球の背後に隠れ、あなたは地球の影にすべり込んでいく。恒星を見るともう一つ信じがたい光景が現われる。地球を覆う厚さ一〇〇キロメートルの大気の影響を受けないその光は、鋭く澄んでいる。太陽光から離れた星々は、これまで見たことがないほど明るく鮮明だ。

太陽のエネルギーに暖められているため、地球大気は上昇・下降し、常に動いている。空気の上下動は高気圧や低気圧の場所を作り出し、それが空気を水平に移動させて風を生み出す。このような運動は——と言っても、ここでは信じがたいほど複雑な系をきわめて単純化して見ているのだが——すべて遠くの星々からやってくる光を飛び跳ねさせ撹乱させる。加えて、大気中の塵や汚染物質、そして当然のことながら常に存在する雲は、星の見え方をしばしばゆがめる。だが、この軌道上からだと星々は信じがたい眺めだ。

地表から高度四〇〇キロメートル上空を軌道周回すると、大陸と海が来ては去っていく。それほどはっきりわからないが、自転軸の傾きは地球の天候にきわめて重要な役割を果たしている。地球を含めたすべての惑星は、太陽のまわりに広がるほぼ同じ平面上を回っている。この面は、太陽、月、惑星が皆、夜空でほとんど同じ経路をたどることからもわかる。この様子は、太陽が巨大な耐熱シートの中央に置かれ、惑星はそのまわりを回ると考えるとわかりやすい。

天王星を除く惑星は皆、自転の際に太陽系の軌道面に対しほぼ直立する傾向にある。しかし、自転軸は皆、多少傾いていて、地球の場合それは垂直から約二三・五度である。この傾きは私たちが経験する季節の直接の原因となる。地球の北極が太陽の方向に傾くときは、北半球では日照時間が長くなり、太陽高度も高くなって地表面で単位面積当たり受ける太陽からの熱も大きくなり、気候が暑い夏になる。北極が太陽とは逆の方を向くときは、夏とは逆に北半球では日照時間が短くなり、太陽高度も低くなって地表面で単位面積当たり受ける太陽からの熱も小さくなり、より寒い冬になる。北半球に住む人々が夏のとき、南半球は太陽とは離れた方向を向いているので冬である。

宇宙の中で地球の自転軸が示す方向は天の北極として知られていて、この方向は、偶然だが地球からだと北極星として知られる恒星のきわめて近くにある。だが、地球の軸も、ちょうどコマの回転と同じように宇宙の中で二万六〇〇〇年に一周の割合で方向が変わるので、数千年のうちに北極星は「北極星」ではなくなるだろう。

地球の北極では、上空にオーロラの不気味な変化を眺めることができる。この美しい自然現象は、太陽からの荷電粒子（太陽風）と地球大気の気体原子とが相互作用して起きる現象だ。太陽風は、太陽から放たれた荷電粒子の比較的安定した流れだが、時折、コロナ物質の大量放出により強力なバーストが発生する。太陽風の速度はそれが太陽のどこから発生したかによるが、秒速四〇〇キロメートル〜七五〇キロメートルなので、地球で噴出を感知するまでに一日二日かかる。それらは地球の磁場に到着すると、その周辺のルートを通り、加速された粒子は高速になって北極と南極周辺の密度の濃い大気に落ち込んでいく。

次に起こることを知るには、原子物理学の知識が少し必要だ。原子が陽子と中性子を含む核とそのまわりに軌道を描くいくつもの電子からなることは、すでに見てきた。電子の軌道は核までの距離が厳密に決まっており、電子はもしそれが可能ならば、本来あるべき場所に落ち着こうとする。だが、エネルギーをいくらか与えられると電子は（核から遠ざかる）より高い軌道に移り、可能な限り早くエネルギーを光として放出していつもの軌道に降りられるようになる。

電子が放出した光は北極光（aurora borealis）として見える（南半球では南極光 aurora australis である）。オーロラは普通、極地方周辺では簡単に見られるが、極から遠く離れるほど珍しくなる。太陽物質の噴出量が特に多くて条件が良ければ、オーロラは低緯度でも見られる。その眺めは驚嘆に値する。

宇宙飛行士が地球大気に突入する流星を見るのは珍しいことではないが、流星を見つけるのには、地表で見る場合と同様に運の要素がある。宇宙から流星を見ると、宇宙飛行の危険を本当に生々しく感じられる。これらは普通、差し渡しわずか数センチメートルにも満たない小さな岩の破片で、秒速十数〜数十キロメートルで宇宙を飛ぶ。これは、秒速一・四キロメートルという最速の速さで飛ぶ弾丸より相当速い。その一つが宇宙船に当たったり、もっとひどい場合には宇宙遊泳の最中に当たったりすることを想像してほしい。

惑星間空間にある小石サイズの岩の破片は、地球からだと普通、高度一〇〇キロメートルほどの大気上層部に衝突すると見えるようになる。破片は気体原子と衝突し、高速で衝突することによりアブレーションという過程が起き、流星体から物質がはぎ取られる。かき乱された気体原子は一時的に電子をはぎ取られ、それにより、プラスに帯電した原子とマイナスの電子からなる流星の尾ができる。それらはすぐに再結合して微光を発し、流星の尾が輝くように見えるため、「流れ星」という名前になった。もっと大きな流星体が大気の奥深くまで突入して空気をきわめて強く圧縮すると、衝撃波が作られてソニックブームを生じさせることも珍しくない。最大級のものも、高度約五〇キロメートルに達するころには完全にばらばらになるだろう。何とか地上に到着したものが隕石として認められるが、大気中の道のりが苛烈だったにもかかわらず、触ると驚くほど冷たい[1]。

だが、あなたがどこにいるかの方がもっと気がかりな事柄だ。事が宇宙飛行になると流星体の脅威は現実味を帯びる。ISSや他の宇宙船に物体が衝突したという報告はいくつかあったが、今日まで死者は出ていない。二〇一二年には、ISSのキューポラ・モジュール[2]の覗き窓への衝突があった[3]。

宇宙の岩石の破片は、まるで石や砂が車の窓を割るように宇宙船の窓を粉々にする。ISSの場合、窓は溶融石英ガラスと硼珪酸ガラスという物質でできているので、文字通り防弾効果を持つ。今日の宇宙船のほとんどは、衝突物になりそうなものを減速させるために、ケブラー織りの繊維を含む非常に特殊な多層シェルでできている。だが、この防護シェルの外にいる宇宙飛行士は無防備で、万一流星体に当たったら間違いなく致命的な結果になる。

*

この旅に最も肝要なのは時間である。必要以上に地球軌道をぐるぐる回ることはできない。さて、ブースター・エンジンに点火し、最初の寄港地である月へ行くときがきた。臨界点で点火しないと、ほかの惑星への到着が遅れる可能性が高まり、そうなれば惑星は軌道上を先に行ってしまう。化学ロケットは、VASIMR（比推力可変型プラズマ推進機）の宇宙船と比べて軌道修正にはるかに多くの燃料が必要なため、ロケットの発射や噴射の時間帯は重要だ。

代わりにVASIMRを使うとすれば、それは、地球を回りながら月に向かってゆっくり螺旋を描いて進むときだろう。同様のシステムはSMART‐1計画でも使用され、この時は軌道の距離を、地球のわずか数百キロメートル上空から月の軌道、すなわち約三八万四四〇〇キロメートルまで増やさなければならなかった。低推力の電気エンジンではそこに着くまで一年強かかったが、燃料は約一〇〇キログラムしか使わなかった。これは、三日ほどで月に行くために六五〇〇キログラム近い燃料を使ったアポロ一一号とは好対照である。電気エンジンは明らかにはるかに効率的なのだ。

月までの道のりでは、宇宙での生活に慣れる時間が十分にある。無重量は慣れるのに何週間もかかる奇妙な感覚だが、宇宙船の居住区域が回転すると再び「重力」が戻ってくる。床は実際には外殻構造の端であるように、部屋は宇宙船のドーナツ型の部分にぐるりと一列に配置されている。そこには、寝室、居間、キッチン、倉庫、浴室まである。

この旅は非常に快適だが、人工重力という贅沢がなければ事態はきわめて異なっていただろう。普通の宇宙飛行では、船内の物体の動きを制御するために真空の力が大いに利用される。特に衛生面で役立ち、たとえば、トイレは水の代わりに真空の洗浄システムを使う。トイレには、宇宙飛行士がじっと座っていられるようにする補助ハンドルがあるものもあるし、脚や足の固定具がついているものもある。固体の排泄物は、便座につなげられた管を通して回転ファンで吸引し、トイレに吸い込まれる。

大便は貯蔵タンクに送られ、最終的に地球に戻されるまでそこで真空にさらして乾燥させる。このバキューム管には、男女の両方に対応できて取り外し可能な尿用の容器もついているが、固体の排泄物とは違って尿は集められて船外へ出される。興味深いことに、打上げ後は重力[4]がなくなるため、体内のすべての液体は体中に等しく拡散する。この動きは腎臓が感知し、それが生理的反応の引き金となるため、宇宙飛行士は地球を離れる二時間前までに排尿しなければならない。打上げ時には必ず厳密な摂食管理と排泄管理が行なわれるのはこのためだ。ありがたいことに、擬似重力の存在は飛行中に普通に入浴を楽しめることを意味する。

「カルディ」の船室は家の室内とかなり似ている。唯一の違いは、部屋が完全に同じ平面上にはないことだ。宇宙船は、回転することで外殻構造の内側に重力の感覚を出しているため、これが「床」の役割をなす面になる。だが、家の快適さには、寝心地の良いベッドから休憩場所、洗濯や料理のための流水までがすべて含まれている。部屋からの眺めが超現実的なのは、窓の外が一日二四時間、一年三六五日真っ黒なためだ。これらはすべて、無重量状態のＩＳＳに乗船したときの最近の経験とまったく対照的で、ＩＳＳではいわゆる普通の意味での流水はなく、衛生管理はかなり難しかったのだ。

月へ向かう最初の日、月は地球で見慣れていた姿と何も違わないように見えるが、もはや地球大気で霞んだりせず、インクのように黒い宇宙を背にはるかに輝いている。ここでは、太陽、月、地球が全部見える。相対的な位置が変わると月の位相が変わることを示しているが、それらは教科書に載っている図と気味が悪いくらいそっくりである。

地球はあなたの後ろ、月はほぼ前、太陽はずっと左か宇宙船の左舷にある。この配置で地球から月を見ると、半分は輝きもう半分は暗い半月である。両者を分ける線、つまり昼と夜の境目は明暗境界線として知られ、この線の細部はいつも目を見張るほど美しく見える。影が最も長くなるのはこの場所で、表面の特徴がはっきりと目立つ。

月面のあらゆる特徴の中でおそらく最もよく知られているのは、クレーターと「海」（ラテン語では mare、複数形は maria）と呼ばれる広大な灰色の平原である。望遠鏡の発明以前、この灰色のしみは大きな水の塊だと一般に信じられていたが、（主にガリレオによる）詳しい研究で、これらは周辺の地域より暗い広大な平原にすぎないことが明らかになった。月面の地形がこのようになったのは岩石の衝突のためで、小さな衝突ではクレーターが、大きな衝突で広大な平原が作られた。

太陽系がもっと若かったころは、その創造の名残の大きな岩が存在し、それらの衝突で月にできた地殻の割れ目からマントルの溶岩がクレーターにあふれ、時の経過とともに固まり、あとには今日見るような平原が残った。クレーターの大きさと分布を研究すれば、月面の年齢の概算は可能だ。たとえば、きわめて新しい地形は古い地形と比べると、その後の衝突で侵食される可能性が低い。

最初に月のまわりを飛ぶときは、その馴染み深い地形を楽しく眺めることになるだろう。おそらく一番有名なのは、アームストロングとオルドリンが歴史的一歩を踏み出した「静かの海」かもしれない。ここの上空から、地球大気によるゆがみに影響されずに静かの海を見ると、それはまるで手で触れられるほど近くにあるかのような鮮明さで見える。

そしてあなたは、人類がほとんど見たことのないものを見ることになる。月の裏側だ。月の裏側という概念は奇妙だが、惑星から永遠に背を向けたままの半球の存在は、太陽系の他の天然の衛星でも珍しくない。多くの人は、月の裏側は永遠に暗闇だと思っているが、本当は、遅かれ早かれ月面全体が太陽光を受けるのである。

月は自転軸を中心として二七・三地球日で一回自転しているので、常識的には、もしあなたが月面のある地点に立っていたら、二七・三日ごとに日の出を見るように思われる。ややこしい話だが、実際にはあなたは二九・五日ごとに日の出を見ることになり、この違いは月が地球のまわりを回ることから生じる。月が〔月自身の〕自転軸の周りに一回転する間に、地球は月を従えて太陽のまわりを少し回る。したがって、月が宇宙空間の中で少しだけ違う場所にいることを考慮すると、月はもう少し多く――算出すると二・二日間である――自転しなければならないということを意味している。

月が一回自転するのに二七・三日かかることと、地球のまわりを一回転するのに二七・三日かかる

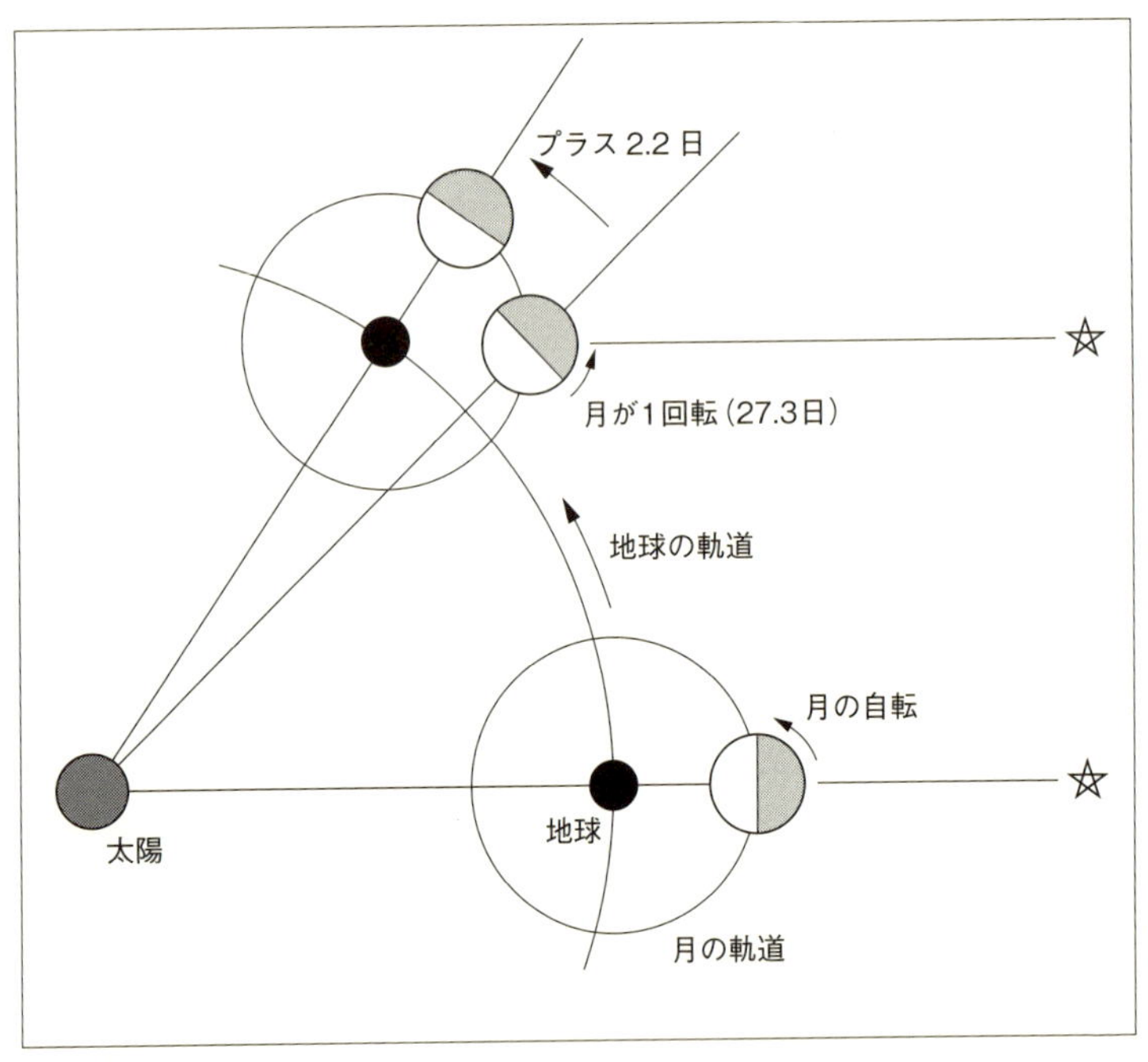

月の自転と公転の模式図
月は自転軸のまわりに約 27.3 日の周期で自転している。月は自転しながら地球のまわりを公転している。月が一回自転転する間に、地球は月を従えて太陽のまわりを公転しているので、地球から見て同じ相の月（たとえば満月）になるには、月はもう少し多く（2.2 日）自転しなければならない。

ことは宇宙の中での偶然の一致ではなく、これは同期回転として知られる。その背後には、自転周期と公転周期を合致させる原因の重力があり、それはすべて潮汐と呼ばれる現象とも結びついている。

すべての天体と同様、月は重力による引力を地球に及ぼしており、この引力が地球の月に向いている側をほんのわずか膨らませている。地球は自転するにつれ、この重力場を通る場所がどこであれ水位が上昇し、それよりはるかに少ないが地面の高さも上昇する。この水位の上昇は満潮と呼ばれ、地球上のほぼすべての場所で決まった時間に見られる。だが、潮汐の生じない場所が地球上にはあり、たとえばそれはある期間における北極と南極だ。

潮汐による膨らみは地球の他の部分にもう一ヵ所ある。重力は距離とともに弱まるので、もう一つの膨らみは地球の反対側にできる。地球の内部の物質は、反対側の地表より大きい引力を受けるので、より正確に言うと、地球が海から引き離されるような力が働き、約一二時間後に二番目の少しだけ低い満潮が生じる。[5]

重要なのは、地球にできる月面側の主な膨らみは、正確にはこの二つの天体を結ぶ線上に来ないことだ。地球は自転とともに膨らみを引きずるので、地球と月を結ぶ線よりも少しだけ先に膨らみができる。そして、潮汐による膨らみがこのようにずれるため、膨らみで増えた質量分だけ、月をよけいに引っ張り、軌道運動が加速する。この加速により、月は一年につき約三・八センチメートルだけ地球から遠ざかる。

月と地球は、それらの共通重心のまわりを軌道を描いて回り続けるので、時に互いが視界から隠れることがあると予測できる。たとえば、地球が太陽と月の間に入ると、月食になる。満月が見えるのも、配列が大体一列になったときだが、満月のたびに月食が見えるわけではない。

その理由は、地球を回る月の軌道が、太陽を回る地球の軌道から約五度傾いているので、この三天体はいつも完全な一直線上にあるわけではないからである。このため、満月でも月が地球と太陽を結ぶ線のほんの少し上か下にあれば、月を照らす太陽光が地球で完全に隠されることはない。

同様に、新月のとき、月が太陽を隠せば日食が見えるが、ほとんどの場合、月は太陽より少し上か下にある。このように、三つの天体が完全に一列に並ぶことは天体の直列として知られる。日食はとりわけ美しい光景だが、そうなるわけは、月と太陽はどちらも天空で大体同じ大きさなので、通常、太陽の前に月があれば月が太陽の光球の光を遮断し、コロナという美しいが光の弱い外層大気が姿を現わすからである。

月の一部のみが地球の影に入るか、月が太陽の一部のみを隠すかのときは、部分食が起きる。また、地球を回る月の軌道が楕円であるため、見かけ上月がほんの少しだけ太陽より小さい場合は、金環日食が起きる。月は、地球から最も遠い場所にあるとき見かけ上最小になり、食の間、その後ろに太陽の光球の環が見える。

月に到着すると、宇宙船の軌道を修正して旅で最初の惑星にあなたを送るには、ＶＡＳＩＭＲエンジンを長時間噴射させる必要があるかもしれない。目的地に到着したとき（もしくは到着が近づいたとき）にエンジンへ点火するのは、宇宙船が次の目的地へ向かうようスイングバイを適切に行なうための小さな軌道修正であれ、軌道に入れるよう速度を下げるためであれ、珍しいことではない。もし、接近するとき宇宙船の速度が速すぎれば、スイングバイだけになってしまう。速度が遅すぎれば宇宙船は地表へ衝突するので、適切な速度は重要である。

このことは、二〇一一年、二つの月周回機からなる月重力場探査機[6]により見事に示された。二つの探査機は、注意深い制御のもとで四ヵ月間かけてゆっくりと月へ向かう間、ミッション成功の決定的な鍵となる約一六〇キロメートルの距離の保持を首尾よく達成した。目的は、探査機の相対的な位置をモニターすることにより月の内部構造の地図を作成することだった。

二つの探査機は、互いどうしの距離と、自分たちが地球からどのくらい離れているかを正確に測定するために、電磁波を使ったシステムを装備していたが、その精度は人間の髪の毛の太さの一〇〇分の一で、約一マイクロメートルぐらいだった。搭載されたシステムは電波を放射し、その周波数が地球と相互の探査機からモニターされた。探査機は、月面から約二三キロメートル上空を回る間に下に引っ張られて加速したり上昇して遅くなったりすると、モニターされている周波数は変化した。

速さの変化は、月の内部にある「より重い」物質によって生じる重力場の変化の結果である。速さの変化を計測すると、その場所の月の重力を測ることができ、したがって、内部構造の全体像を描くことができる。四ヵ月間の周回を重ねた末、月面全体の重力地図が完成し、これまでわからなかった月の内部の姿がわかるようになった。

この知識を深める際には他の〔目的で行なわれた〕ミッションも役立った。たとえば、さまざまなミッションで磁力計が月に運ばれ、違う場所で磁場が計測された。また、月面着陸機は岩石組成を調査した。これらの情報を全部まとめ上げた今、私たちの隣の天体の内部構造が天文学的によく理解できるようになり、このことはミッションを計画する上で計り知れない助けとなっている。

月には、直径四八〇キロメートルで鉄に富む固い内核があり、そのまわりに直径約六一〇キロメートルの液状の鉄の核があることがわかった(7)。この核を覆うのは、厚さが約二〇〇キロメートルと思われる一部が溶けた境界層で、この境界層は「核」と、「マントル＋地殻」の境目になっている。これらの外層は、月面全体を覆うマグマの海が分別晶出されたあとに形成されたと考えられている。

この過程は、惑星地質学の進展で最も重要な点の一つである。ケイ酸塩は溶けたマグマから出て行き、結局、マグマの約四分の三が結晶化してマグネシウム、鉄、輝石、かんらん石の豊富なマントルになるが、一方、斜長石や斜長岩（前者は長石の一種で、後者は火成岩の性質を持ち、マグマの冷却により形成される）のようなより低密度の物質は、表面まで上昇し、今日見られるような厚さ約五〇キロメートルと思われる地殻を形成する。

マグマの海の結晶分化の過程は、月の誕生が苛烈だった強力な証拠だ。大きさが火星と同じくらいの巨大な天体が、約四五億年前の地球に衝突して破片（デブリ）を宇宙に飛散させたと考えられる。この破片が地球のまわりを漂いながら数百万年かけて合体し[8]、今日見るような月になった。この衝突に関わる膨大なエネルギーのため、月のかなりの部分が液状となり、マグマの海が形成された。

ルナー・リコネサンス・オービター（LRO）のようにレーザー高度計を用いる軌道周回機のおかげで、今では月の表面地形についても詳細な情報が大量にある。搭載したカメラでは、活動を停止したまま今も月面にあるアポロ月面着陸機の写真を何枚か撮ることすら可能だった。このような地形図はアポロ計画のときはなかったので、NASAはパトリック・ムーア卿が描いた月面図を着陸に使用したが[9]、その画質はそれほど高いということだった。

LROのような軌道周回機のおかげで、月面は地球側だけでなく裏側についても詳細な地図があるが、両者には重要な違いがある。これまで見てきた月面の海はほとんどみな地球側にあり、月の全表面積の三〇パーセントほどの面積を占めるが[10]、月の裏側で海に覆われている部分は二パーセントしかない[11]。違いの原因は、地球側の月面の方が地殻が薄く、熱源となる元素が地球側の地殻の下に集中していることだと考えられている。

月が形成されて地殻が固まるにつれ、液体中で分離した液相濃集元素は、地殻とマントルの間の領域に一緒に取り残される。ウランとトリウムはそのような元素の二つにすぎないが、その放射性により大量の熱を生み出す。この熱はマントル上層部に部分的溶解を生じさせ、その後このマントル物質が、火山の爆発や隕石の衝突により地殻にできたクラックや亀裂を通って表面に上がってくる。

月面の他の部分は高地からなるが、この名前は単に標高が普通平原より高いためで、傾斜地や山脈があるからではない。ご存じのように、クレーターは隕石の衝突によって形成され、望遠鏡で月を見たことがあれば、月面には数千ものクレーターがあることがわかるだろう。概算では、直径が一キロメートル以上のクレーターは二五万個ほどあるが、これは地球側の月面だけで、反対側にも少なくとも同じ数があると思われる。極付近にもいくつかのクレーターがあるが、その底部はほぼ永久に影になっており、水の氷が発見されたのはこれらのクレーターの中である[12]。

月面は太陽放射にさらされているため、液体の水は存在できない。地球では、液体の水はこのような放射線の攻撃から保護されているが、月面で太陽放射にさらされると、水の分子はすぐに、基本的に水素と酸素が分解する化学反応である光解離という過程により崩壊する。彗星の衝突で月面に蓄積した水は、深いクレーターの中や表面の下層では氷の状態で存在するかもしれないと長い間考えられてきた。

一九九八年、ルナー・プロスペクターに搭載された中性子スペクトロメーターという装置が、月面の上層一メートルに水素がきわめて集中していることを明らかにし[13]、このことは、地球の永久凍土層で見つかるのと似た水が表面下にあることを示している。アポロ計画で持ち帰った岩石の研究でも水の存在が明らかになったので、[14] 水は月で普通にある物質のようだ。その後二〇〇八年、[15] 太陽光の射さない極地方のクレーターに水の氷がある決定的な証拠を発見した〔インドの月探査機〕チャンドラヤーン一号探査機によってもこのことが確認された。月に人が住める潜在的可能性を示すとても素晴らしいニュースである。

近くから見ると、月のクレーターがいかに目を奪うかがわかるだろう。地球から望遠鏡で見ても、その細部まで見えることは驚くほどだ。溶岩の海のまっさらな平原に一つ穿たれた若いクレーターから、新たな衝突によりほとんど消し去られそうになっている古いクレーター、さらに、月面に伸びる複雑な鎖のように連なるクレーターまで、形状がまったく違っていることに驚かされる。

クレーターのできる原因と、地球上では大気が岩石の衝突を防ぐ楯になっていることについては、すでに触れた。私たちの惑星にクレーターが乏しいのは、長年にわたる気象による恒常的な浸食効果で衝突の痕跡が徐々に消えていったためである。地球上にも、アリゾナのメテオール・クレーターというそのものずばりの名がついた大隕石孔のようなクレーターがいくつか残っているが、月面には大気による気象現象が生じることがないため、クレーターは、もう一度衝突が起きて消されない限り何百万年も残る。月面を歩いた一二人のアポロ飛行士の足跡すら全部残っていて見ることができるが、これは今後数百万年間そのままだろう。[16]

月で最も目立つクレーターの一つは南の高地地帯にあるティコで、これは、ヨハネス・ケプラーの師匠だったデンマークの天文学者、ティコ・ブラーエにちなんで名づけられた。これはクレーターのほとんど完璧な例であるだけでなく、きわめて注目すべき二つの特徴も示している。地形が一番良く見えるのはたいてい太陽が地形を低い角度で照らしているときなので、明暗境界線上にあるときの方がはっきり目立つ。最初の特徴は、普通は月を観測しない満月のときに特に目にとまりやすい。

満月のときは、直径八六キロメートルのクレーターを中心に月面を一五〇〇キロメートルにも伸びるまばゆいティコの光条が目に飛び込んでくる。光条の起源に関する説は年月とともに変化したが、その中には、水中の塩が堆積したとするものから、火山灰の堆積物だというものまである。今日わかっているのは、その特徴は本質的にクレーター自体の形成と関わるということだ。

物体が月面に衝突すると、放出されたエネルギーは、ぶつかった場所から月の大量のレゴリス（岩盤上にある未固結層）とおそらく衝突物の破片を噴出させる。こうした物質は月面に落下し、今日見るような光条となった。その明るい色から、それらが比較的最近できたクレーターに由来する傾向が強いことが明らかである。ティコの場合それは約一億八〇〇〇万年前で、地質学的には年代が若い。

もう一つ目につくきわめて一般的なクレーターの特徴は、中央にある山頂のような突起である。これらは光条より観察しにくいが、クレーターが明暗境界線上にあるときに最もよく見える。ティコの場合は、月齢九日頃に陽光が長く深い影をクレーターの床に落とすので、頂上がきわめて目立つ。クレーターの中に見つかる中央丘の起源は、クレーター形成時の衝突と関連するエネルギーの結果であることが知られている。岩石が月面に激しく当たったときのエネルギーは、表面物質の一部を溶かすには十分だ。衝突時の力は衝撃波を外側へ伝え、それが中央に跳ね返るが、その時溶けた物質の一部を伴い、それがその後固まると突起状になる。

危機の海は、クレーターと海の関連の仕方を示す見事な例である。危機の海の縁を見渡せば、ものすごくギザギザした円形であることがわかるだろう。明らかに、これはかつて溶けた溶岩で一杯のクレーターだった。月面には、ほかにもカーブを描くギザギザの山脈の例があるが、これは実際には、昔のクレーター壁がさらなる衝突を受けて変形したものである。月を見ると、形がほとんど損なわれていない物質を見つけるのはきわめて難しいが、表面がそっくりそのまま残って見える場所もある。

*

月のまわりを回るときは、《現実棚上げ装置》を試す最初のチャンスで、これであなたは月面に飛び降りてあたりを歩き回ることができる。「月面は美しいパウダーだ」というのは、月を最初に訪れたニール・アームストロングとエドゥイン・オルドリンが述べた多くの言葉の一つで、あなたが最初の一歩を踏むとき思い浮かぶだろう。最初の月面歩行は信じがたい経験で、月面からの眺めはまさに異世界である。

それは、想像しうるかぎり地球上の眺めからかけ離れたものだ。生命に満ちあふれる地球とは違い、その痕跡は月にはどこにもない。それは完全に人の気配のない居住不能な世界だ。四〇億年以上前の月の形成以来、この地に足を踏み入れる最初の生物になるという謙虚な気持ちにさせられる感動的な経験だ。

アームストロングとオルドリンが描写し、あなたが今歩いている月面は、砂やシルトと同じ大きさの無数の微小な粒子からなる月レゴリス（lunar regolith）というものだ。この粒子は、岩石天体が月面の物質に何度も衝突して粉砕したことで数十億年もの間に作られたが、これは、シェフが乳鉢の中の粒状の香料をすりこぎで叩いて砕くようなものだ。

予測できるように、細かい粒子の中には大きい固まりが混ざっているものの、全体としてはパウダーのような感触である。この物質は厚さ五～一五メートルで月面全体を覆っているが、本当に圧縮するとわずか数インチになる。[17] アームストロングは、動き回るとブーツにまつわりつきほとんど雪のようだとも言った。だが、これから見ていくように、月のレゴリスは太陽系で唯一の存在ではない。細かいパウダー状の表面は、火星や多数の小惑星、他のいくつかの惑星の衛星にも存在する。

月面の歩行がまったく馴染みのない経験である別の理由としては、大気のない眺めということがある。おそらく遠くの山並みのような風景を地上で眺めたら、それは霞み、すぐ近くのものよりも若干青色がかって見えるだろう。この霞みは、遠くの風景からくる光の一部を大気の塵が遮ることから生じ、私たちの脳が、物が遠くにあると認識できるようにする一つの鍵である。距離が離れるとコントラストも薄れ、遠くの物体は空の色の見え方に近づいていく。

大気中に塵の粒子が存在することは、大気を通して散乱した青色光の一部が反射されて観察者であるあなたに戻ってくることを意味する。塵が浮遊できる大気があるということは、このような眺望の効果が生まれる必須条件だ。だが、月には大気がほとんどない。事実、そこはほとんど真空と言えるほど大気が希薄で、大気が実質的に存在しないことは、微小粒子が浮遊せず、したがって眺望が大気の影響を受けないことを意味する。クレーターや山のような月面の地形は実際よりずっと近くに見え、距離がきわめて判断しにくいのはこのためである。

月面に大気がないことは、天文学には素晴らしい観測拠点になるということだ。地球大気には、夜空の鮮明な画像を得ようとする天文学者には妨げになる多くの影響がある。最も目立つのは、またたきである。夜空の星々のまたたきはお馴染みのものだ。遠くの天体からの光は大気を通るときに経路からそらされるため、天体像はじっとしては見えない。

望遠鏡を覗いたことがあるなら、大気の乱れが特に激しいとき、遠くの天体の像は時にひどく損なわれてしまうことは知っているだろう。これは、プロ用の天文台が多くの場合、できるだけ大気の上方にある高山の頂上に建てられる理由の一つである。大気は、遠くの天体からくるある特定の波長域の電磁波スペクトルも遮断するので、地上ではそれらを研究できなくなる。

天体の性質をあらゆる波長の光から研究する必要があるため、特定の電磁波スペクトルの遮断は遠くの天体を完全に理解する上で大きな支障をきたす。これに対する見事な比喩は、オーケストラの音だ。オーケストラの音楽を十分に評価するには、一つ二つの楽器ではなく、すべての楽器の音を聴かなければならない。またたきの影響への対抗手段はあるが、細部は常にある程度失われる。大気による遮断効果は対処しきれないことがわかり、天文学者たちは望遠鏡を宇宙に打ち上げることになった。

月は、こうした多大な費用がかかり観測業務が困難な環境に代わる理想的な場所だろう。大気がないということは、月面に望遠鏡を置けば見事な眺めが得られるということだ。細かい塵は問題になるかもしれないが、風がないので、レゴリスはほとんど動かない。また、月は一日中、空が青色ではなく黒色なので、日中も天文学ができる。月の極付近にはクレーターがあり、その底はほとんどいつも暗いためきわめて寒く、赤外線望遠鏡の設置に理想的だし、月の裏側は地球の電波通信のノイズから保護されているので、電波望遠鏡には素晴らしい環境だ。

底部が永久に暗いクレーターのように、月の北極にあるピアリー・クレーター周辺には、常に太陽に照らされているいくつかの山頂がある。それらは「恒久光の頂き（Peaks of Eternal Light）」というかなりロマンチックな名前で知られており、ほかにも太陽系の他の天体にそのような場所がある。しかし、すべての惑星に同じような場所があるわけではない。天体の中で永久に輝いている場所は、高度が高いはずで、もし自転軸の傾きが小さければ、それらは極地方付近にあるはずだ。月の自転軸の傾きは小さく、〔地球の軌道面の垂直方向に対して〕たった一・五度だが、地球の傾きは二〇度以上なので、地球にはそのような場所はない。

月面の重力は小さいので、外惑星探検の素晴らしいベースキャンプになる。地球から宇宙へ宇宙船を打ち上げるには、秒速一一・二キロメートルが必要で、アポロ計画の場合約二五〇〇トンの燃料が必要だったが、月面の重力は小さいので帰りの旅ははるかに効率的だった。月からの脱出速度は秒速たった二・四キロメートルなので、アポロ計画では離陸と帰還に約一八トンの燃料しか必要でなかった。月では水の形での液体燃料が大量に手に入ることも考慮に含めると、月から太陽系を探検していくことは、経済的にも物資補給の点でもはるかに有意義だ。

しかし、あなたにとって幸運なのは、この月面探検は宇宙船に戻りさえすれば終わりにできることだ。宇宙船に搭乗すれば、月の重力で軌道を微調整し、軌道旋回して、いわば太陽系の発電所である太陽に向かうことになる。

第3章

炉の中へ

太陽

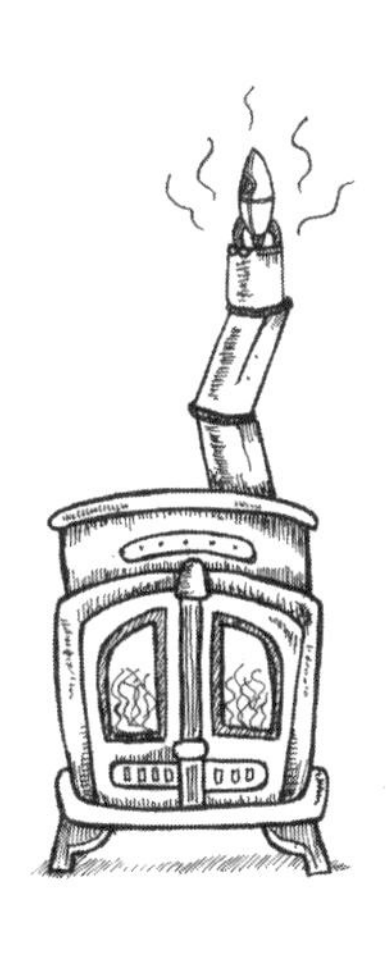

次の段階は「ロケットのついたブリキ缶に乗って深宇宙へ飛び出していくようなものだ」と言っても足りないほどきわめて危険なはずだ。宇宙船は太陽のそばを通り過ぎる際に、まったく未経験のとてつもない熱と放射線を受けるだろう。地球磁場は、さほど効果的ではない地球の大気とともに、宇宙の有害な放射線から私たちを守っているが、その放射線の大半が太陽からやってくる。そこへ接近するのは危険な仕事だ。

だが、問題は太陽からの放射線だけではない。これまで宇宙飛行士は、自分たちの頭を通り抜ける宇宙線による白い閃光を見たとしばしば報告してきた。それを思うと本当に恐ろしい。地球磁場の保護のない長期間の宇宙飛行では、真剣な考察が必要である。

宇宙船「カルディ」の構造に組み込まれた新たな一つの解決法は、超伝導磁石で地球磁場を再現することで、そうすれば搭乗者を放射線から守れる。その原理はきわめて簡単で、超伝導物質は電気抵抗がゼロなので、大電流はそこを容易に流れ、その電流が磁場を作るという事実による。磁場がある場所なら、太陽放射線や宇宙線は体内を突き抜けることはできないはずだ。

太陽へ接近すると温度はきわめて顕著に上昇する。「カルディ」は太陽の赤外線を受けるのを防ぐため、重要な部分が金箔で覆われている。金箔のような物質は赤外線を反射するので、かなり前から宇宙船で使われてきた。窓にも、ポリカーボネートで作られ薄い金箔でコーティングされたスライド式シャッターがついており、宇宙飛行士のヘルメットのひさしもまったく同様である。

金が選択されるのは、それが赤外線が目に入るのを防ぐ物質だからである。眼球の後ろには桿体視細胞と錐体視細胞という光受容器があるが、これらは可視光しか感知できない。可視光を多く受けすぎれば、脳はまぶたを閉じるか首を回して光をよけるよう筋肉に命じるが、赤外線を感知する受容器はないので、網膜に当たる赤外線エネルギーが多すぎても脳にはそれがわからず、そうした拒否反応を起こす刺激がないまま網膜はいとも簡単に焼けてしまい、盲目になることもある。

地球大気層に保護されているときでも、太陽を直接見ることは危険だ。宇宙では、ヘルメットのバイザーの金箔が赤外線からの保護の役をなす。それでも可視光には弱く、保護を完璧にしようとすれば、バイザーを通して見る光景は暗くなりすぎて宇宙飛行士は何をしているかわからなくなるからである。宇宙では、特に船外活動のときは太陽を見ると本当に危険なので、飛行士は常に太陽がどの方向にあるかに特別な注意を払う必要がある。

幸いあなたの宇宙船は、「マイラー」でできた実験システムでさらに保護されている。「マイラー」は、これを使っているアマチュア天文家にはよく知られており、薄いアルミ箔にやや似ている。実際には、太陽からの可視光の九九パーセントを遮るアルミニウムでごく薄く被覆されたポリエステル・フィルムである〔直接目の前にかざすタイプの日食メガネでは、安全性の目安である可視光の〇・〇〇三パーセント以下しか透過しない。赤外線では三パーセント以下〕。これを望遠鏡の前面にかぶせると、アマチュア天文家は拡大された太陽を直接安全に観察できる〔望遠鏡は集光力が大きいので、日食グラスの基準では不十分である〕。「マイラー」を窓の外側に取りつければ、このブラインドを閉めるだけで太陽に近づいたときも安全に見ることができる。

太陽は見た目は何も変わらないようだが、今では明らかに少し大きくなっている。太陽黒点は鮮明で、拡大しなくてもきわめて強烈だ。黒点は、その名が示すように太陽面に見える斑点だが、もっと正確に言えば、太陽の可視的表面、すなわち光球上にある。太陽は物質の第四状態であるプラズマの巨大な球で、太陽を作るプラズマは、本質的にはVASIMRエンジン（比推力可変型プラズマ推進機）の物質と同じ状態の気体だが、それを構成する元素は異なり、主に水素、少量のヘリウム、ごく微量の他の元素である。太陽を（安全に）見るということは、実際には、プラズマの一番上の可視的表面だけを見るということだ。そこには着陸できるような地表は存在しない。

太陽の内部については、約一億五〇〇〇万キロメートル離れた地球からでも非常に多くのことがわかる。事実、私たちが太陽について知っているほとんどすべての事柄は、分光学と言われる技術を使った遠くからの観察によるものだ。これは、分光器と呼ばれる機器を使用して入ってくる光を取り込んでそれを構成する成分に分け、虹のような効果を生み出すことによる。太陽や、実際他の恒星から得たスペクトルを調べることで、天体内部の状態について確かな推論ができる。

太陽が何でできているかは、スペクトルの吸収線を見てもわかる。これらの暗い線がスペクトル中に存在するのは、さまざまな異なる気体が存在するためだ。望遠鏡で純粋な白色光の光源を分光器で覗くことを考えよう。色が赤色から紫色まで続く完璧なスペクトルが見えるだろう。今度は、光源と分光器の間に気体のかたまりを何らかの方法で入れると、暗い吸収線が現われる。

この吸収線は、気体状態の原子があれば、あるいはより正確に言えば、原子核のまわりに電子があれば存在する。光子が入ってきて原子核のまわりを回る電子に当たると、少量のエネルギーを電子に与えて吸収され、電子をより高いエネルギー状態に上げる。この過程は、暗い吸収線として「見え」、線の配列と位置からどんな気体が存在するかがわかる。このようにして太陽を研究することにより、太陽は九一・二パーセントの水素、八・七パーセントのヘリウム、ごく少量の酸素、炭素、窒素、ケイ素、マグネシウム、ネオン、鉄、硫黄から構成されることがわかった。

太陽は、その組成から第三世代の恒星として分類されるのだが、紛らわしいことに天文学者はこれを種族Iの恒星と呼ぶ。第一世代の恒星は宇宙進化の初期に形成され、その寿命は短命だった。それらは最初に作られた恒星だったので、総じてほぼ、ビッグバンで合成された唯一の元素である水素とヘリウム、ごくわずかなリチウムでできていた。そして恒星の進化とともに、核の深部で起きる核融合を通じて金属として知られるもっと重い元素が作られた。

第一世代の恒星の死からわずか数百万年後に、より重い元素が宇宙にばらまかれ、こうした物質から第二世代の恒星が形成された。これらの恒星には、第一世代の恒星内の核融合で生成された重い元素の存在する量で区別がつく。このサイクルが続き、第二世代の恒星内部の核融合がさらに重い元素を作ると、結局それらもまき散らされ、引き続き第三世代の恒星を作る。恒星の内部に重い元素がどのくらい存在するかは分光器でわかり、元素の比率からそれらが第二世代の恒星か第三世代の恒星かがわかる。これで太陽は、中に見つかる重い元素の量から第三世代の恒星ということになった。

銀河系の〔のちに太陽系が形成されるはずの〕私たちの領域で第二世代の恒星が寿命を終え、その結果、古い恒星の物質でできた雲が生じ、重力のもとで再びゆっくりと結合し始める。この雲の中の温度と圧力が増してきてある臨界レベルを超すと、原子どうしが衝突し、核融合が起こり始め、さまざまな元素が形成される。私たちが今日見る太陽内部のプロセスでは、水素原子四つが融合してヘリウム原子が一つできる。この過程に関わる粒子は、ほかに電子やニュートリノのようなものがあるが、もっと重要なのは核融合の副産物の中の二つ、光（光子）と熱で、私たちの地球を暖かく照らしているのは、太陽の核で形成されるこれらの熱と光だということである。

「カルディ」という眺望に恵まれた場所でも、熱と光がどんなふうに現われるかは見えないのだが、熱と光が、太陽〔内部〕から逃れて自由になるまでの旅はきわめて危ういものだ。熱は、放射とその後の対流（熱い物質が上昇し、冷たく密度の大きい物質が沈むこと）により光球に達するので、話は簡単だ。一方、光は太陽物質の密度のせいで道のりがはるかに困難になる。光は直線的には進まず、まるで、帰宅しようとする酔っ払いが左へ右へ不規則に曲がり、物にぶつかり、つかまるものを探してよろめくかのように進む。

酔っ払いでも自分の移動距離や歩幅、歩数がわかっていれば、目的地にどのくらい時間がかかるかは概算できる。同じ考え方は、太陽を出ようとする途中で陽子や電子と出くわす光子にも適用できる。この概算を当てはめれば、光子はわずか六九万五五〇〇キロメートル〔太陽半径〕を移動するのに、平均で四〇万年～一〇〇万年かかるという解答が得られる。これは、太陽の中を光子がリレーで進む平均的な速度は、真空の宇宙での光速度である秒速三〇万キロメートルではなく、秒速〇・〇六ミリメートル程度であるということだ。だが、いったん外に出ると速度は急速に上がり、地球までの一億五〇〇〇万キロメートルをわずか八・三分で進むことができる。

太陽の中心核はまさに発電所だ。膨大な核融合が起きている場所がその中心核だからである。中心核の直径は約三五万キロメートルで、温度はセ氏一五七〇万度、密度は水の約一五〇倍である。核融合を通じて太陽の核で生成されるエネルギーは、堆肥の山で生成される熱量[1]と比べられる。普通の庭の堆肥の山の温度は、明らかに太陽の一五〇〇万度には近くないことを考えると、これは少々驚くことに見えるかもしれない。だが、太陽におけるある単位量当たりのエネルギー生成は、堆肥の山におけるある単位量当たりのエネルギー生成と同じなのだ。太陽の信じがたい発熱量は、単位体積当たりの発熱量ではなく、太陽のとてつもない大きさによるものである。

中心核を取り巻くのは、熱が放射によって伝わるには十分だ。これと同じ伝導のメカニズムにより、私たちは、一億五〇〇〇万キロメートルの真空で隔てられているにもかかわらず、地球で太陽熱を感じることができる。その温度は、放射層の一番上に着くころには灼熱した中心核の一五〇〇万度から二〇〇万度ほどに急低下する。

密度とその温度は、熱が放射によって伝わるには十分だ。

放射層は太陽の中心核と同様に、かなり一様に自転[2]していると考えられているが、その上の対流層と言われる部分はそうではない。その自転の仕方は、領域ごとに回転速度[3]が異なることを意味する差動回転である。放射層と対流層の二者の間で遷移を起こすには、その間に速度勾配層という名前の層がある。回転に変化が見られるのはここで、隣どうしの層が互いにすべり合い、対流層の流体の運動がその下の放射層の均一な自転に変わる。そして、この層の運動が太陽磁場の原因である磁気ダイナモ効果を生み出すのではないかと提唱する研究グループもある。

こうして、速度勾配層の上は対流層となり、ここでは温度と密度は放射層より低いため、熱エネルギーの伝導にはさらに好条件になる。対流層は、深さ数万キロメートルにある速度勾配層の最上部から光球まで広がっている。対流層の一番下の太陽物質は、速度勾配層の最上部から熱を受けて膨張する。そして、膨張するにつれて密度が低下し、上昇する。

上昇した物質はいったん光球に達すると、宇宙に熱を放射して冷えていく。そして、冷却につれて縮小し、密度が増すので、再び対流層に沈んでいく。この過程により、熱を表面に運ぶ対流セルが作られるが、これは、水の入った鍋で熱が対流セルにより鍋の底から一番上まで運ばれるのとまったく同じだ。太陽の対流セルは可視光で観察でき、それらは粒状に見える斑点を太陽に作るため、粒状斑(グラニュレーション)と呼ばれている。

光球の下の層はどれも不透明で、光子が宇宙へ出る自由を得るのは、光子が光球に達したときだけである。「光球」(photosphere)という名は、古代ギリシャ語の「光の球」を意味する言葉から来ているが、その厚さはたった数百キロメートルで、温度は約六〇〇〇度である。そこでは、光の光子を簡単に吸収する水素のマイナスイオン(電子を一つ余分に獲得した水素原子)がたくさん除かれるが、他方、太陽の他の層にはそれが大量に存在する。

粒状斑は可視光で観察できる唯一の太陽現象ではない。もう一つの可視で見ることのできる効果は、太陽面(ディスク)において中心の方が明るく見え、縁に近づくにつれて徐々に暗くなる、いわゆる周辺減光である。この現象の原因となる基本的概念は二つあり、一つは、物質の密度は中心からの距離が増すにしたがって低下することで、二つ目は、中心から遠ざかるにつれて温度も低下するということだ。

太陽面の中心を見るということは、太陽を真正面から見ることなので、視線は光球の奥深くまで届くが、一方、縁を見るときは視線はどちらかと言うとかすめるような角度になるので、それほど深くまでは見えない。太陽は深部ほど温度が高く、熱い物質ほど明るいことを考えると、より深くまで見えれば太陽の明るい部分を見ていることになるのは当然である。

粒状斑と周辺減光は地球から見るとあまり目立たない現象だが、眺めの良い「カルディ」から見るとはるかによく際立っている。さらにもっと目立つのは、私たちに一番近いこの恒星を華やかに飾り、その名もぴったりな太陽黒点である。黒点の大きさは、直径がわずか数十キロメートルから、地球がちっぽけに見えるほど大きく（目を適切に保護すれば）肉眼でも見える一五万キロメートルまでさまざまである。黒点は、黒く見えるが実際には非常に明るく、何らかの方法で明るい太陽面から引きはがして分離させれば、距離がとてつもなく離れているのにもかかわらず、満月より明るく見えることになる。

黒点の外見は、太陽の多くの特徴と同様、結局は磁気とプラズマの性質に密接に関連する。プラズマは磁場によって動かすことができる。磁場でプラズマの通路を作りＶＡＳＩＭＲエンジンの外に放出させることで、宇宙船が少しずつ加速することはすでに見てきた。差動回転の概念にも触れたが、太陽の場合、赤道付近のプラズマは極付近のプラズマより速く回転する。

プラズマは回転するとき、まわりの磁場を引きずり、そこで受ける抵抗力も増加する。抵抗力のレベルが高くなりすぎると、磁力線は曲がり、時に太陽表面から姿を現わすことがあり、対流活動を妨げ、表面温度を低下させるようになる。その温度はまわりの光球より普通約二〇〇〇度低いが、これは、磁力線が光球の外に出たり再び入ったりする場所が周辺の太陽物質より暗く見えるということである。

観測によると、大きい太陽黒点の細部は驚くべきもので、その見え方は、読者も記憶にあるかもしれないが、学校時代に鉄粉と棒磁石で行なった実験とそっくりである。黒点の中央には、暗部と言われるもっと暗い部分があり、ここでは磁力線は光球に対しほぼ垂直である。暗部を取り巻くのは、半暗部と言われるそれより明るい部分で、そこでは磁力線はより斜めになっている。一般に太陽黒点は対になっていて、一つは磁場が光球を突き抜けて現われる場所で、もう一つは磁場が再び沈み込む場所である。

一対の太陽黒点の磁気的特性を調べると、棒磁石と同じようにいつも片方がN極でもう片方がS極になっているはずだ。もし、対になった太陽黒点を同じ半球の中の他の黒点と比較したら、興味深いことに、それらにはすべてN極かS極のどちらかを示す先行する黒点があり、反対側には後行する黒点があるだろう。反対側の半球の黒点の対については磁極が反転しており、それらは明らかに太陽磁場全体に関係している。黒点の数も、時によりゼロから一〇個、あるいはそれ以上と変化するようである。

太陽で見られる黒点数の変化は太陽活動周期として知られ、最多のときが極大期、最少のときが極小期である。新たな周期のはじめには、黒点は太陽の高緯度付近の極地方周辺にしかないが[4]、周期が進むにつれて黒点の数は増え、それとともに赤道に向かって移動する傾向にある。

この極大期から極大期まで周期が約一一年間で、磁場の状態と関連している。磁場の応力が最も強いときは黒点活動も一番活発で、その後極小期という不活発な状態に急速に戻る。周期は予測可能だが、黒点の数は不規則で極大時の数も変化する。たとえば、一九〇〇年～一九六〇年にかけては概して増加傾向にあったが、その後は徐々に減少しているようである。一六四五年〜一七一五年のマウンダー極小期のように黒点活動が特に低下している期間も、過去に観測されており、その時、太陽黒点は予想外に減少した。この変化の原因はまだよくわかっていない。

光球の上には太陽大気があり、大気には異なる四つの層がある。光球から二〇〇〇キロメートル程度まで上の層は彩層と呼ばれ、その上には遷移層がある。これをコロナが囲み、最後に、準惑星である冥王星の軌道を越えて広がる最上層の太陽圏がある。太陽で最も低温の場所は光球と彩層の間にあり、温度最低層と呼ばれる。この薄い層の温度は約四〇〇〇度で、水の分子や他の単純な化合物が見つかるのはここである。これらはすでに説明したように、分光器を使ったスペクトル解析で検出することができる。

温度最低層の上は、文字通り「色の球」という意味の彩層（chromosphere）である。その重要な特徴の一つは低密度で、普通、光球の密度の約一万分の一である。密度は太陽から遠ざかるほど低下するが、興味深いことに温度も変化し、こちらは内側の境界では少し低下するが、外縁へ向かうにつれて再び上昇し始め、外縁では三万五〇〇〇度ぐらいになる。

光球のスペクトルが吸収線を示すのと対照的に、彩層のスペクトルは輝線を示す。原子は特定の波長の光を吸収し、その原子核のまわりを回る電子がより高いエネルギー状態へ移るときに、その結果として吸収線がどのように生じるかはすでに見てきた。一方、輝線は、電子が通常のエネルギー・レベルに落ちてある特定の波長の光を出すときに見られ、彩層の観測で見られるのがこのタイプのスペクトルである。

彩層のスペクトルは、暗い線が重なって見えるお馴染みのスペクトルとは違い、色とりどりの線がひと続きになっているだけだ。太陽の彩層の輝線スペクトル中で一番目立つ線は、波長が六五六・三ナノメートルのHα線によるものだ（一ミリメートルは一〇〇万ナノメートルである）。この波長の光はスペクトル中の赤の部分にあるので、彩層はそのスペクトル通り目立つ赤色をしているが、この赤色は皆既日食のときでないと簡単には見えない。

彩層は、きわめて印象的で興味深いいくつかの太陽の現象の発生源だが、地球からこれを研究するには、光球が月で遮られる皆既日食のときに観測するか、特殊なフィルターをつけた望遠鏡でHα線の発光を調べるかのどちらかが必要である。スピキュールは太陽から立ち上る長い指のような尾でよく知られた現象である。それらは彩層の一番上に昇り、一〇分～一五分後に再び降下して消滅する。

もう少し目立つもののやや珍しいのは、太陽のプロミネンス（紅炎）とフィラメントである。プロミネンスは太陽の縁の周辺で見られるが、そこでは、たいてい黒点上で巨大な弧を描く気体が磁場によって光球の外に引き出されている。フィラメントも同じものだが、現象を上の方から見ているので、光球上をふらつく暗い線のように見える。フィラメントはスピキュールと同じようにして高度一五万キロメートルに昇り、彩層上部に達する。[5] スピキュールもプロミネンスも光球の明るさと比べるときわめて対照的に暗いので、近くからでも識別は難しいが、インクのような漆黒の宇宙を背景にすると浮き上がって見える。

彩層を取り巻くのは遷移層と呼ばれる（厚さがわずか一〇〇キロメートル程度の）薄い層である。ここでは、温度は彩層の上層部と同じ約三万五〇〇〇度だが、急速に上昇して約一〇〇万度にも達する。遷移層は、紫外線放射に感度のある宇宙望遠鏡でしか見えないが、地球では紫外線は地球大気によってほとんど遮断されている。

宇宙での観測とスペクトルの研究により、遷移層のヘリウムは完全にイオン化されていることがわかった。ヘリウムの完全なイオン化とは、ヘリウム原子が電子をすべて失うことで、この状態になると放射冷却過程が厳しく抑えられるので、その領域は冷えることがなくなり、きわめて高温に達する。部分的にイオン化されたヘリウムは彩層の上層部に見られるが、少しだけ熱が加わると完全にイオン化され、太陽大気の次の層、すなわちコロナの形成に重要な状態になる。

コロナは太陽大気中で間違いなく一番見事な光景で、最も興味深い研究領域の一つである。コロナは宇宙空間を何百万キロメートルにもわたって広がっているが、地球からは皆既日食か、日食を模したコロナグラフを通して太陽を見たときしか観測できない。コロナからきていると見られる光は、実際には三つの異なる発生源がある。一つ目の光は、コロナ・プラズマのイオンから発せられたものだ。それらは、自由電子が再び原子核に結びついて輝線スペクトルとして見える光を出し、このため「Eコロナ」と名づけられた。

二つ目にFコロナがあるが、これは、光球からの光が塵の粒子で散乱されたものであり、フラウンホーファー線にちなんで名づけられた（ヨーゼフ・フォン・フラウンホーファーは一九世紀のドイツ人光学技術者で、分光器を発明し、フラウンホーファー線を発見した）。Fコロナは黄道光[6]と呼ばれることも多く、普通は〔夜明け前や日没後の〕地平線上の空に観察されるぼんやりと広がる珍しい光だが、月のない非常に暗い場所でも皆既食のときはその周辺に広がって見える。最後の発生源はKコロナで、原子核から離れた電子が散乱した光球の光である。

光球からの光の中に見える吸収線はコロナ・スペクトル中にはないが、これは、光を散乱させる電子の運動の結果、線が広がって見えなくなるからである。この現象はコロナの温度の概算に使うことができる。その理由は、「熱によるドップラー幅の拡大」と言われる広がりが、光の波長、放射源粒子の質量とその熱運動に依存するからである。KコロナのKは、ドイツ語で「連続する」を意味するKontinuierlichからきているが、これは、スペクトルに吸収線がなく連続していることによる。

太陽物理学者が直面する最大の困難の一つは、太陽コロナに見られるきわめて高い温度をどのように理解し説明するかである。これまで見たように、下の遷移層の温度が一〇〇万度を超すことはわかっており、これはヘリウムのイオン化で簡単に説明できるが、コロナの温度は驚くことに三〇〇万度に達することがわかった。一つの可能性として、相対的運動をするプラズマと変化し続ける磁場が熱を生じさせ、太陽磁場によって熱が伝えられることが考えられる。しかし、今のところ正確な原因は解明されていない。

一つ明らかなことは、コロナは太陽の多くの領域と同様、いつも変化しているということだ。太陽活動周期とその一一年の変化はこれまで見ており、コロナもこのパターンに従っているように見える。太陽が最も活動的になる期間、コロナは太陽の大半を覆うように見えるが、太陽が静かなときは赤道付近にしか存在しないように見え、このことは、コロナが磁場に操作されていることを示唆している。

このようにコロナがどう影響を受けているかの好例が、かき乱され変化し続ける磁場の様子を直接示す美しいコロナ・ループである。太陽黒点が、太陽の可視的表面から噴出する磁場の所産であることは、すでに見てきた。コロナ・ループはコロナにおけるこの過程の現われで、そこではループはコロナ・プラズマを貫く磁力線をたどっている。コロナ中のプラズマの密度は、光球のプラズマ中の物質の密度の約一〇〇億分の一なので、コロナ・ループはかなり淡い。

太陽大気のすべての層に広がると思われる一つの現象は、太陽面ディスクや縁の部分をしばしば突然明るくする太陽フレアである。膨大な研究の結果、これらのフレアは、過去に爆発したすべての核ミサイルの約三〇〇〇万倍のエネルギーをわずか一、二秒間で放出することがわかった。

それらは磁場の中の変化と関係しているように見えるが、それというのも、磁力線はプラズマと相互作用をするときに集まったり束になったりして別々の場所で磁場領域を作るからである。磁場領域は、太陽プラズマの運動から強いねじれを受けても、それでもまだ、近くの磁場領域と比較して特有の幾何学的特性を保つ傾向にある。それぞれの束は、セパラトリックスという磁力線領域の境界になる湾曲した境界で互いに分離している。

それまで結合していなかった別々の束からの磁力線は、「磁力線再結合」と言われる過程によりセパラトリックスを突き抜けて継ぎ合わさるようである。これにより、磁力線は何日間も磁場に蓄えられてきた磁気エネルギーを、わずか数分ほどで運動エネルギーと熱エネルギーに変換する。再結合はその過程でプラズマの温度を数百万度に熱し、電子とイオンを光速度近くまで加速し、この過程全体で、私たちにはフレアとして見えるエネルギーと光を放出する。

このフレアは黒点周辺で起こる傾向がある。そこでは、磁場が光球を突き抜けてコロナへ伸びている。同じ過程は、ときどき観察されるさらに激しいコロナガスの放出の原因でもあり、これは、太陽風をさらに噴出させて太陽系のはるか遠くまで送ると考えられている。このような噴出とフレアの直接的な結びつきは確認されていないが、これらは磁力線再結合という同じ原因に由来するようである。

コロナガスの噴出はフレアとは異なり、遠方まで放出される物質が膨大で特性が異なり、通常先端は明るい。放出された物質は秒速七五〇キロメートルまで加速されることがあるが、もっと遅く、秒速四〇〇キロメートルにすぎない物質もある。遅い太陽風も速い太陽風も荷電粒子を含むが、それらの温度は異なり、太陽の別々の場所からやってくる。

低速の太陽風は太陽の赤道付近から放出されてきたと思われるが、高速の太陽風は、極地方周辺のコロナにできた文字通り「穴」であるコロナ・ホールから放出される。すでに見たように、地球の南北の高緯度地方で見える見事なオーロラの原因は、遅い太陽風である[7]。というわけで、太陽風の影響は遠くまで及んでいる。コロナガスの放出で太陽風の新たな噴出が起こるが、一方、太陽は実際には、活動の静かな期間にもほぼ一定の流れを起こしている。

コロナは太陽大気の最も外側の層として見えるが、実際には太陽大気はそれよりはるかに遠くまで広がっている。まわりを取り囲んでいるのは、太陽系の端まで達するはるかに希薄な太陽圏である。事実、太陽系は太陽圏によって定義されている。太陽による影響が、近くの恒星が及ぼす影響からはっきり区別できなくなる場所は、太陽圏界面と言われる。太陽圏は、主に太陽風と広がった太陽磁場からの太陽物質で満たされた巨大な泡と考えることができる。

太陽風の圧力が外に向かうため、泡が形成されるが、太陽風は星間空間からの内向きの圧力を跳ね返し、両者の力が釣り合う点で境界と太陽圏界面が作られる。太陽圏界面の正確な場所は何十年もの間大論争の対象だったが、二〇一二年、ついにボイジャー一号が、太陽からの距離が地球‐太陽間の距離の約一二三倍もある一八〇億キロメートル付近にそれを発見した。しかし、太陽風や、太陽が銀河系を回る際に星間空間ガスが引き起こす圧力が変動するので、太陽圏界面の正確な形と場所は変化する。

太陽のことはかなり良くわかってきているものの、未解決の謎がまだ多く残されていると言うのが妥当だ。とりわけ、マウンダー極小期のように活動が長期間にわたり比較的休眠状態のときがあったり、太陽コロナが信じがたい温度になる理由などのようにである。だが、確実に理解されているのは、太陽がたどると予想される運命である。太陽はその生涯のほとんどで二つの力を経験する。それは「熱核融合圧力」という核融合の過程で生成される外向きの圧力と、重力が内向きに引く力である。

過去四五億年間、太陽は熱的核融合圧力と重力のバランスを維持してきたが、ずっとこのままではないだろう。実際、両者には小さな不均衡があるため、太陽はほんのわずか膨張し、その大きさは四五億年間で六パーセント大きくなった。太陽の中心核の中には、あと五〇億年間ぐらい現在の割合で核融合を継続させるに十分な水素があり、このことは、太陽が生涯の中で安定した状態でいられる行程を約半分きたことを意味している。この先の五〇億年で太陽は徐々に膨張し続けるが、その後事態は変化すると考えられている。

結局、太陽の中心核は水素を使い果たして熱核反応は一時的に減少し、重力が支配的になるにつれて中心核は崩壊し始める。これが起きる一方で、太陽のより上層部では依然として水素が融合するが、中心核の縮小につれて温度が上昇し、そうすると上層部の温度も上昇する。

温度が上昇すると外層部が膨張し、太陽の膨張速度はもっと速くなる。その大きさはわずか五億年間で二倍になり、準巨星と呼ばれる星になっていく。その後も膨張は続くが、ペースはさらに速くなる。その後五億年で大きさは現在の二〇〇倍に膨れ上がり、明るさは一〇〇〇倍以上になる。太陽は赤色巨星になるのだ。進化のこの段階でどれほどの大きさになるかは正確にはわからないが、その表面はほぼ明らかに水星と金星を越えて地球を飲み込む可能性もある。

中心核はその圧縮により、温度が上昇するだけでなく圧力も増大するので、最終的にヘリウムの核融合が始まる条件が整い、中心核の中に炭素が生成されるまでになる。そのとき太陽内部の異なる気体の層は、鱗葉が何層もあるタマネギに似ていて、成長しつつある中心核は炭素、そのまわりはヘリウムの殻、さらにそのまわりの外層は水素である。

太陽の生涯で、中心核がヘリウム・フラッシュとして知られる現象の中で暴力的な点火を起こす時期がくるまでに約一〇億年かかり、その後、太陽は現在の大きさの約一〇倍に縮小する。このほとんど破滅的な現象の中で重力の圧縮力に対抗するのは、熱核反応による圧力ではなく、核の中の量子的な力だろう。この力は原子の中の粒子間に存在し、実際には信じられないほど強力で、重力を押し返すのに十分だ。

この物質を膨張させて冷却させるには熱核反応による圧力だけでは不十分で、核融合の過程は妨げられることなく進んで太陽の中心核全体で連鎖反応し、爆発する。中心核はわずか数秒間で、平均的な渦巻銀河のすべての恒星が放出するのと同じくらいのエネルギーを放出するが、これは太陽の内部で吸収される。温度は最後は非常に高くなるので、熱核反応による圧力が太陽をもう一度膨張させて物質を冷やし、核内の核反応の暴走を阻止する。この状態がさらに約一〇〇万年間続き、ヘリウムは核の奥深くで融合して炭素となる。

核内のヘリウムがなくなると、太陽は、燃料となる水素が尽きたときとまったく同じように再び膨張する。膨張と明るさの増大は今度はずっと速く起こり、約二〇〇〇万年後にはますます不安定になる。太陽は約一〇万年ごとに脈動し、脈動は重なるごとにいっそう激しくなり、さらに多くの物質が宇宙空間へ逃げていく。概算では、太陽の外層が宇宙空間へ出て行き惑星状星雲の段階へ入るには、たった四回か五回の脈動で十分とされている。

この形になるには約五〇万年を要し、このことは、あとに残る太陽の残骸は今日の質量の約二分の一になることを意味する。この残骸は膨張する気体の殻の形になるが、これは、外にいる観測者からはこと座にある環状星雲と同じように見える。結局、さらに約一万年がたつと、膨張する物質の殻は宇宙へ消え、これが引き続き次世代の恒星や惑星の材料となる。だが、これでもまだ話は本当の終わりではない。太陽の核は、惑星状星雲の形成でむき出しになったあと冷やされて、白色矮星になる。結局、それはさらに冷えて光を放たなくなり、その時点で消えて大きな黒い星の残骸になる[8]。

したがって、私たちには幸いなことに太陽の死は何十億年も先のことである。とはいえ、地球は時を刻み続け、時間は有限だ。太陽の光と温度はゆっくりではあるが確実に増加し、これは、地球の大気が十億年以内に暖かくなり、高緯度地方の水は凍らないほど高温になり、水の分子が大気の最上部に達して宇宙へ逃げていくことを意味する。

実際には、私たちの生存時間は太陽の消滅までの過程だけでなく、宇宙の他の現象にも限定される。

おそらく、太陽系外からの強いガンマ線放射が宇宙に広がり、その結果惑星大気を破壊するか、あるいは気まぐれな小惑星が最後の一撃を与えるかで地球の寿命は終わるのだろう。いずれにせよ、その時がくるまでにこの惑星から脱出する方法を見つけなければならず、「カルディ」のような探検旅行がとても重要なのはこのためである。しかし、今のところ、わが地球は壮年期のまっただ中だ。

＊

近距離でのフライバイでは、真剣に考慮しなければならないことがいくつかある。まず、太陽のフライバイでは最終的な速さは増加しないということだ。すでに見たことだが、惑星のフライバイで宇宙船の速さがさらに増加するというのは、太陽との相対速度である。宇宙船は、惑星に近づくときは速度が上がり、惑星と出会ったあとには減速するが、惑星との相対速度が最終的に増すことはない。しかし、太陽との相対速度については、宇宙船は惑星の軌道運動をいくらか盗み取って惑星をごくわずか減速させ、自分の速度を増す[9]。太陽をフライバイしても速さは増さないが、水星へ向かうには役立つだろう。

惑星が太陽を回り、そのおかげであなたの宇宙船が加速できることもすでに見てきたが、その太陽も動いている。太陽と太陽系全体は、私たちの銀河系の中心のまわりを一定の速度で回っており、仮に私たちが恒星間を旅行しようとしたら、速度を得るのにこの運動が利用できる。太陽系が銀河系を回るのは、時速八二万八〇〇〇キロメートルという信じられない速さで、この速さだと軌道の一周に約二億三〇〇〇万年かかる。この軌道を、祖先と認められる最初の人々が地球を歩いて以来、一〇〇〇分の一しか回っていないと思うと驚愕を覚え、人類の生涯を客観的に見られる。

太陽は銀河系の中心から約三万光年離れた場所にあり、銀河系の中心には途方もない質量のブラックホールがあると考えられている。この魅力的な天体が直接観察されることは決してなかったが、その存在は、まわりの宇宙空間に与える影響を観測して推測することができる。もっと大きな恒星は、太陽とは違ってその死がはるかに劇的で、最期は自分自身を文字通り粉々に吹き飛ばす。恒星の残骸は、超高密度の中性子星（すなわちパルサー）、あるいはもっと風変わりなブラックホールかもしれない。

銀河間宇宙から観測すると、私たちの銀河系は二つのフライドエッグの背中どうしがくっついたような形をしており、中央の卵黄は銀河中心核の膨らみ、白身は銀河の渦巻腕のある平面である。私たちは渦巻銀河の中ではなくて棒渦巻銀河の中におり、そこでは棒のような奇妙な構造が銀河中心核を横切っているように見えることが、いくつかの観測から示唆されている。湾曲した渦巻腕は、銀河系にぼんやりと見える棒構造から出ているように見えるが、それらがなぜ存在するかは十分に説明されていない。だが、渦巻銀河と、私たちの銀河系のような棒渦巻銀河は、恒星を生成しながら生きているようなので、その銀河が若いということははっきりと言える。一方、楕円銀河は、恒星が古く、新たな恒星の誕生がないことから、すべての銀河はある種の進化的過程をたどるのではないかと思われる。

銀河系内の太陽の位置は、ペルセウス座の腕といて座の腕の間にありオリオンの腕のそばになる。(10)

オリオンの腕は知られている四本の渦巻腕のうちの一本である。渦巻銀河と棒渦巻銀河の腕そのものは、その外見とは違って実際には回転しておらず、銀河系（を構成する恒星）が腕を通過しながら回転している。渦巻腕は、自由に走れる自動車道で、車の動きだけが原因で生じる交通渋滞とまったく同じように、恒星とガスの運動により生じるある種の密度波の現象と考えられる。太陽系は、時が経つと現在接近しているオリオンの腕からゆっくりと去り、他の渦巻腕に向かっていく。他の棒渦巻銀河と比べると、私たちの銀河系は形も大きさもかなり平均的だ。銀河系の端から端までを測った距離は、一〇万光年という恐るべきもので、太陽系は銀河中心からは約三万光年離れていると考えられている。

この章の始めでは、太陽を観察できるようにし、その光線をある程度防ぐ技術について見てきた。残念ながら、その解決はまだ完全ではないが、理由は、太陽に近づけば近づくほど温度は上がり、覗き窓の金箔が溶ける危険が生じるからである。金箔の膜の融点は一〇〇〇度ちょっとだが、コロナの温度は優に一〇〇万度以上で、時にその三倍にもなることがわかっている。

太陽大気の下の方の温度が最も低い場所でも、金箔の融点より高温なので、あまり近くまで飛ぶことはできない。コロナの外層はもっと温度が低いので、少なくとも理論的にはそこを急いで通り抜けることは可能であり、この旅では、距離が太陽と水星間の約二八分の一の、光球から約二〇〇万キロメートルの場所まで行くことができる。この距離だと温度は一五〇〇度を優に超す可能性がある。その状態を正確に予測することは困難だが、あなたが生き延びられるように宇宙船を十分冷却させる解決法を考え出さなければならない。

このような極端な熱を遮る理想的な物質は、すべての元素の中で融点が三五〇〇度と最も高い炭素である。これは、コロナの外層から飛んでくるすべてのものに耐えられるはずだ。スペースシャトルの下側には炭素のタイルが使われ、地球大気へ再突入する際の高温からシャトルを保護することに成功した。同様に、シールドに炭素を採用することで、ダメージを受けずに熱を吸収することができるし、「カルディ」後部の温度が数百度に達しても、熱は宇宙空間へ放散し、宇宙船（とあなた）を冷却しておけるだろう。

太陽熱は、地球軌道を回る宇宙船ですら問題となりえるが、その理由は、太陽光が当たる側は数百度に達することもある一方、影の側は、機械が作動できなくなるほどひどく冷却してしまうこともしばしばあるからだ。したがって、スペース・エンジニアが直面する困難の一つは、このような極端な温度の中で働き、機器を動かし続けられるよう温度を制御することである。低温環境での一つの方法は、太陽熱による温水システムのような地球上で生態学的にも適った方法を適用することだ。水を満たした管を宇宙船のまわりにめぐらせて、太陽熱で水を温める。必要に応じてセントラルヒーティング・システムと同様なやり方で熱を蓄えたり放出したりするのである。

放射線は、太陽を周回する途上で直面する別の主要問題の一つである。国際宇宙ステーション（ISS）に搭乗した宇宙飛行士たちは、地球磁場によりある程度保護されているが、それでも浴びる線量は高くなる。ステーションにいる飛行士の年間線量は約一五〇ミリシーベルトだが、一方、地球上の家族や友人の平均的な線量は年間〇・三ミリシーベルトにすぎない（ミリシーベルトは、これまで聞いたことのない用語かもしれないが、これはイオン化する放射線量で、線量が与える生物学的影響の尺度である。特に、一定時間に電子を原子の拘束から解き、すなわちイオン化するのに十分なエネルギーを持つことができる放射線量を指す）。

長期間の被曝は最小限に抑え続けなければならないが、短期間の線量なら体はそれに耐えられる。たとえば、月へ行ったアポロ計画の宇宙飛行士たちは一日当たり約一・二ミリシーベルトの線量を受け、これは、ＩＳＳの飛行士たちよりはるかに高かったが、数日間のことだったので許容できるレベルだった。太陽系をめぐるこの旅の長さは、あなたが高い放射線量を受けるリスクにさらされ、太陽の近くではそれが間違いなく顕著に上がることを意味している。旅の際の懸案事項は太陽からの高エネルギー粒子だけではなく、深宇宙からの宇宙線にも注意を払わなければならない。

宇宙で保護のない状態で一年間過ごすと、旅行者の余命は二ヵ月縮むので[11]、何らかの形で放射線から身を守ることが間違いなく必要だ。超伝導磁石の使用についてはすでに見たが、これは、厚い鉛で宇宙船を覆い質量がともにかさむことと比較すれば、明らかにきわめて効果的な解決法と思われる。太陽に近づいていくと熱や放射線が増加するが、それだけでなく紫外線も増加する。

このことは休日をビーチで過ごすことにより誰もがよく知っていて、太陽光を浴びる時間が長引けば皮膚は茶色や赤になり、日焼けの状態になる。しかし、紫外線放射を防ぐのは、宇宙船の表面全体を反射板で覆えば比較的簡単である。したがって、熱に対処するための炭素の遮蔽板、紫外線放射に対する反射板、放射線をできるだけ遮断する磁場があれば、あなたは可能なかぎり保護されることになる。

太陽のフライバイの際に考慮しなければならない最後の危険は、宇宙船が受ける極端な潮汐力だ。

この危険を理解するには、二〇一三年暮れの二ヵ月間に太陽からわずか一九〇万キロメートル[12]まで急接近し、悲惨な運命をたどったＩＳＯＮ（アイソン）彗星（公式にはC/2012 S1彗星）を見れば十分だろう。太陽のとてつもない重力は彗星を固まりにさせていた重力に優り、彗星は崩壊した。これはいわゆる「太陽をかすめる彗星」がしばしば遭遇する事態で、彗星が生き残るチャンスは主に、彗星本体がどれだけしっかり結合しているかによる。

すべての天体のまわりにはロッシュ限界と言われる領域があり、別の小天体がこの距離に達すると、中心となる天体の重力による引力が、小天体を結合させている重力を上回り、小天体の崩壊に至る。ロッシュ限界の距離は天体の組成にもよるが、太陽を回る彗星の場合、この値は約一二〇万キロメートルである。明らかに、ＩＳＯＮ彗星は強靱な物質でできていなかった。あなたが太陽に最も近づくのは二〇〇万キロメートルなので、この値を少し割っても、「カルディ」の強度は潮汐力に耐えられる望みがある。

宇宙船の保護層の後ろに籠もることで、太陽の恐るべき力と活動を安全に観察できるが、ここで船外活動をするチャンスはあるだろうか？　すぐ目の前にある太陽を宇宙船の保護膜に隠されずに見ることができたら、素晴らしいだろう。だが、宇宙船の外に出るという冒険をしたら、生き延びるチャンスはきわめて限られる。

今日の宇宙服は、約二五〇度の温度まで耐えられるよう設計されているので、人類は太陽から約五〇〇〇万キロメートルの距離まで船外活動ができる。それ以上近づくと、宇宙服の中の温度は耐えられるレベルを超し、中の人は脱水症状になって気絶し、最後は熱中症で命を落とす。もし必要なら

《現実棚上げ装置》を使うが、太陽のとても素晴らしい眺めはすでに見ているし、太陽は怪物のようにどう猛なので、宇宙船の保護を受けられる場所にいるのが一番良く、次の旅程に進むこととしよう。

第4章

人に優しくない惑星

水星　金星

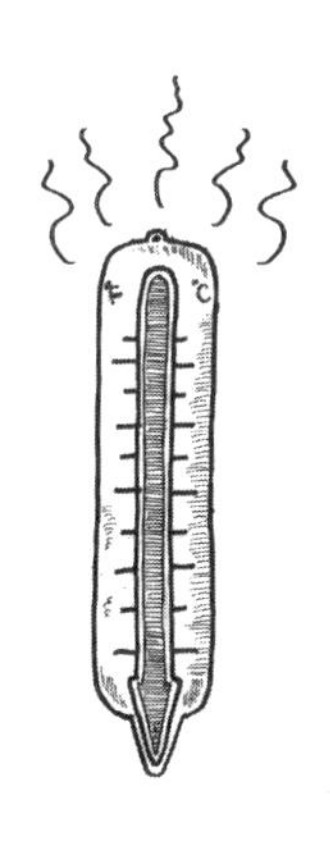

太陽が太陽系で人を最も寄せつけない場所であることは間違いないが、明らかに、内惑星の水星と金星も夏期休暇を過ごしに行きたいと思う場所ではない。この旅のような太陽系めぐりは大仕事だが、幸い、居住区域の回転から重力がもたらされるおかげで、自宅のような快適さが多少は享受できる。

たとえば入浴だが、水は私たちがこれまで慣れ親しんできたような流れ方をするので、普通に行なえる。国際宇宙ステーション（ＩＳＳ）のように宇宙飛行士が無重量の環境で暮らす場所は流水がなく、衛生を保つのが難しい。もし、無重量状態で水につけたスポンジを絞ったら、水はスポンジから絞り出されるがスポンジの外についたままで、絞るのを止めればまた吸収される。同じように、水を容器から流そうとしても、球状の小さな粒になってあたりを浮遊するだけだ。

このような制約があるとはいえ、狭い空間に人々が閉じこもる居住状態は細菌や虫の蔓延を助長するので、宇宙では必ず個々の衛生状態を真剣に考慮する必要がある。無重量状態にいる飛行士たちは、宇宙でシャワーを浴びるとき、湯が流れ出ないようになっているプラスチック製の大きな鞘形の筒に入らなければならない。筒に入るとノズルから湯がかかり、それがすむと真空を利用して水が皮膚から吸い取られる。昔のシャトルにはシャワーは皆無で、宇宙飛行士たちは濡れタオルを使って体を拭いていたので、贅沢ができなかった。洗濯設備もなかったので衣服は使い捨てで、約一週間着ると捨てられていた。だがありがたいことに、あなたは今回の旅の途中で風呂もシャワーも十分手軽に楽しめる。

水星と金星は太陽から近く、熱と強力な太陽放射をたっぷり浴びているため、その環境はきわめて過酷だ。水星は太陽から一番近い惑星なので、地球からは朝か夕の薄明時の空にしか見えない。金星は太陽から二番目の惑星だが、これから見るような理由で水星より熱い。ケプラーの惑星の運動法則によると、惑星は太陽に近いほど軌道運動が速く、水星の場合、地球日でわずか八八日間という高速で太陽を一周するが、金星は二二四日ほどかかる。

水星と金星は、軌道が地球より太陽に近いことからしばしば内惑星と言われるが、英語の inner planets はこれだけでなく、地球と火星も含まれる。[1] この四惑星は性質が似ている。どれも岩石天体で、地殻とマントルは主にケイ酸塩、核は鉄とニッケルからなり、気体でできた巨大なガス惑星（木星型惑星）とはその性質が大きく異なる。まず第一に、地球型惑星は衛星の数がずっと少ない。木星型惑星はどれも一〇個ほどから五〇個以上の衛星を持つが、火星は二個、地球は一個、水星と金星はゼロだ。また、地球型惑星には環がないし、最も基本的な違いの一つは惑星を取り囲む大気の規模である。

木星型惑星はほとんど全体が気体からなり、その総称としての「ガス大気」は組成の九〇パーセントを優に超す。この性質の違いと原因を理解するには、太陽系の起源にまでさかのぼる必要がある。太陽系は、四五億年以上前の形成時点で主に水素からなる巨大な雲により作られたが、その時は他の元素も存在していた。ここまでの章で見てきたように、太陽は崩壊しつつある雲から作られ、信じがたい量のエネルギーを放出し始め、それがまわりのガス雲を押し返して軽い化学物質を太陽系の外側に追いやった。軽い気体から巨大ガス惑星が成長していった。一方、重い元素は太陽からの圧力に抵抗できたので太陽系の中心部に残り、水星、金星、地球、火星という岩石惑星を作った。

水星と金星に行くのは比較的簡単で、それというのもここは木星型惑星と違い、あなたを引きとめようとするとてつもない引力である太陽の重力と戦うことはないからだ。[2] 最も内側の二つの惑星へ最初に行った宇宙船の一つは、一九七三年一一月に打ち上げられたマリナー一〇号である。そのわずか三ヵ月後の一九七四年二月に、宇宙船は金星から五七六八キロメートルの地点を通過し、その一ヵ月後、水星までわずか七〇三キロメートルの場所へ到達した。この恐るべき二つの世界に行く途中で、マリナーは何度も軌道修正をしなければならず、正しい軌道をとるため恒星を基準に使った。

カノープスのような明るい星は、ナビゲーションの目的で無人宇宙船にしばしば利用される。これは通常、五七個ぐらいのきわめて明るい候補星を使うスタートラッカーという装置で行なわれる。それらは宇宙船の現在の位置の確定に役立つだけでなく、進行方向の決定手段としても等しく重要である。太陽系では、自分の位置はよくわかるかもしれないが、軌道修正の前に正しい方向を向いていることが何と言っても重要で、行き先の方向がわからないとこれが困難になる。ここで、ニュートンの運動の法則、特に、いかなる作用にも同じ大きさの反作用があると述べている第三法則が鍵となる。

宇宙船が行き先の方を向いていて、宇宙船の左舷にあるスラスターに点火すると、コースは少し右に修正される。だがもし、宇宙船が今きた逆の方を向いているとしたら、左のスラスターに点火すれば、コースを左に修正する結果になる。[3] コースの修正時の変数は無数と言っていいほどあり、それらを正しく行なうことは、宇宙船がどこにいるかを正確に知り、それがどちらを向いているかを正しく理解し、修正にはどのくらいの推進が必要かを正確に決めるということだ。

この旅で最初に訪れる予定の地球型惑星の水星へ行くには、わずか二ヵ月月間ですむ。かつて水星は、直径が約二五一九キロメートル[4]しかない冥王星に次いで、太陽系で二番目に小さい惑星だった。

だが事態は、二〇〇六年、国際天文学連合（ＩＡＵ）が惑星の定義を最終的に決定したときに変わった。それまで定義は存在しなかったのだ。惑星とされるために天体が備えていなければならない厳密な規定がなかった間に、クワオアーやセドナのような岩石天体[5]が発見されていき、太陽系の惑星の数は〔当時惑星相当と見られていた天体も含め〕九個から一〇個、そして一一個になった。惑星の定義は、二〇〇六年八月二四日のＩＡＵ会議で最終的に可決し、これは、気の毒な冥王星が準惑星の地位に降格されることを意味していた。

ある天体が惑星に分類されるために満たさなければならない基準は三つあり、第一は、それが太陽を周回する天体であるということだ。二つ目の基準は、重力による静力学的平衡が存在すると考えるに十分な質量が必要で、言い換えれば、形がほぼ球形であるということだ。水星も冥王星もこれらの条件には合致するが、冥王星の地位に一撃を与えたのは三番目の基準だった。すなわち、圧倒的な重力を持ち、その軌道付近の同等の大きさの天体を一掃しているというものである。冥王星は、軌道付近に他の岩石天体[6]があるので、軌道を一掃して支配的な天体になることはなかった。これらについては太陽系の外縁部に着いたときさらに詳しく取り上げるが、今のところは、さらなる発見で太陽系の様相が変わるまで、水星はすべての惑星の中で最小である。

水星は太陽系で最小の惑星であるとともに、最速の惑星でもある。これまで見たように、水星はわずか八八地球日で太陽のまわりを一周するのだ。その間、水星はきわめてゆっくり、太陽系では他に例を見ない仕方で自転する。遠くの恒星から見ると、水星は二回公転する間にたった三回しか自転しないが、太陽から水星が回るのを見ると、二回の公転ごとに自転を一回するように見える。これは、もしあなたが水星に住めば、日の出と日の入りは二年に一度しか見えないということだ。

水星の一部の場所から観察できるさらに奇妙な効果がある。太陽が昇り、減速して止まり、その後今きた方向に戻って地平に沈むのだ。これは、水星が太陽に最接近する少し前の、軌道角速度が自転角速度と同じになるときに起き、その後、軌道角速度が自転角速度を上回り、最接近から数日経つと、太陽は普通の動きに戻る。

これが起きるとき太陽は概して空をゆっくり動いていくが、その地表に飛び降りて一人でこれを見るチャンスを我慢できる人はいないだろう。行くべき場所は、太陽が頭上にあり、水星から最も近い点、すなわち近日点にあるときの赤道上である。そこからの眺めは面白いだろうが、太陽が頭上をゆっくり過ぎて止まり、逆の方向へ戻ってから再び頭上を通過し、その後二度目に止まっていつもの動きに戻り、三たび頭上を通るまでを見るには約一六地球日かかる。

金星に接近して観察したときに本当にはっきりわかるのは、その外見が水星ときわめて異なることだ。金星は厚く濃い雲で完全に覆われているため、表面が見えない。一方、水星は大気がまったく存在しないようであり、表面はそのみごとな細部まですべて見ることができる。実際には、水星は超真空大気というきわめて薄い大気をゆるくまとっているが、水星の環境はこの大気の状態をそのまま保っているわけではない。高温と太陽からの圧力の攻撃をいつも猛烈に受けていることを考えると、重力による引力は、大気が顕著に発達できるほど十分でない。そこにある薄い大気は、水素、ヘリウム、酸素、ケイ素、その他の化学物質からできている。

気体原子は簡単に宇宙へ逃げ出せるが、さまざまな源から常に補充されている。水素原子とヘリウム原子は磁場に捕らえられた太陽風からきたと考えられているが、ヘリウムについては地表での原子の放射性崩壊も原因の一部である。「スパッタリング」と言われる不思議なプロセスで、それは、普通は鉄か小さな隕石のエネルギーを持つ粒子が入ってきて地表に当たり、典型的な場合は酸素原子をはじき出すということだ。これらはその後、個々の酸素原子として、あるいは水素原子と結びつくと水蒸気として超真空大気に存在する。水星の超真空大気については、二〇一一年に水星の軌道に到達したメッセンジャー探査機のおかげで非常に多くのことがわかっている。以来、探査機は惑星の化学的組成を注意深く分析して表層地質学と磁場を研究し、核の謎も探った。

水星にはまともな気体が存在しないため、その温度は太陽系惑星の中でもきわめて極端である。太陽に面した半球は温度が四二七度まで急上昇するが、夜になるとマイナス一七三度に急降下する。金星では、高密度の大気が金星全体の温度を均一にするのに役立っているが、水星では熱は速やかに宇宙へ拡散していく。水星で温度が比較的一定な唯一の場所は極地方で、そこは、惑星の自転軸の傾きが小さいことが大いに影響し、温度がマイナス九〇度付近からほとんど動かない。水星や実際にはすべての惑星で、自転軸の傾きは黄道面と言われる太陽系の平面を基準に計測され、惑星はこの面に沿って軌道を回っている[7]。

覚えていると思うが、地球は〔赤道面が黄道面から〕二三度強傾いていて、それが私たちが見るような季節をもたらしている。水星の傾きは、一度の三〇分の一、つまり約二分で、これはどう見ても軌道に対して垂直である。このため、極方向は太陽方向に対してほとんど変化せず、温度が一定になる。自転軸に傾きがないことは、水星には多くの惑星にある季節の変化がないことでもある。しかし、水星で特徴的なことは、すべての惑星の中でも軌道がかなりの楕円になっているという事実で、太陽までの距離は、一番近い近日点で四六〇〇万キロメートル、最も遠い遠日点で六九八〇万キロメートルである。

昼と夜で温度が極端に変化するにもかかわらず、水星には氷が存在する可能性がきわめて高い。極地方にはその底に太陽光がまったく届かないクレーターがあり、そこでは温度が零下のままである。これらのクレーターにレーダーを使って信号を当てて反射させ、その反射率がきわめて高いクレーターが存在することが明らかになったが、これは氷である可能性がきわめて高い。固体の形の水が太陽系のあちこちで存在することはよく知られているようで、月、水星、火星、巨大ガス惑星の二つの衛星で氷が突き止められている。これにより、少なくとも理論上は人類による長期間の探検や居住さえ可能となる。なぜなら、生命の維持に必要な物質は、氷の固まりになっている水だけでなく、これまで見たように、水素やヘリウムも抽出して燃料を作れるかもしれないからである。

気がつくと思うが、水星の外見は月にとても近い。溶岩の広大な平原ははっきりしないが、何千というクレーターははっきりと見える。大気がほとんど認められないため、惑星の表面には宇宙の小さな岩石の破片が数え切れないほど衝突した。氷が見つかったクレーターは、月のクレーターとまったく同様に、隕石の衝突で作られた。その歴史にははなはだしい衝突のあった時期が一度あり、一度は水星ができた直後の四五億年前で、もう一度は約三九億年前に終了したらしいことが、表面の注意深い調査で判明した。

隕石の衝突という過去の歴史を持つ惑星において、クレーターが比較的出来たてで新しいと思われるものから、明らかにたいへん古く、さらに衝突を受けて形が崩れたものまで、状態がさまざまであることは当然である。衝突した場所から噴出物が放出されて広がる範囲は、月の一部のクレーターほどではない。その主な理由は、水星では重力による引力がもっと強く、噴出物の飛ぶ距離が限られるからである。

水星で最大のクレーターはカロリス盆地と言われ、直径一五五〇キロメートルという太陽系で最大の衝突クレーターの一つである。これは直径一〇〇キロメートルの天体の衝突ででき、エネルギーの放出があまりに多かったので、地殻から標高二キロメートルの山々が環状にでき、それがクレーターの縁になった。クレーター床を研究した結果、このクレーターは月の巨大クレーターと同様、固化した溶岩からなり、衝突で地殻が破られて地表下の溶けた溶岩が漏れて上昇できるようになり、盆地を満たしたことを示しているらしいとわかった。

クレーター床には小さい衝突クレーターがあまり存在しないことから、おそらく、約三九億年前の激しい衝突の時代がもうすぐ終わるというころにこれらは作られ、地質学的に若い特徴であることが示唆される。カロリス盆地周辺にナトリウムがたくさん集中していることは、分光学的研究によると、盆地の底の割れ目やひびの何カ所かから惑星内部の気体が漏れて、それが薄い大気に加わったらしいことを示している。

水星の表面地形の命名については多少複雑な経緯がある。国際天文学連合（ＩＡＵ）の命名規則によると、クレーター等の地形はその分野で相当な貢献をした人にちなむ名をつけなければならない。新しいクレーターの名称は、名声が五〇年間以上持続し三年以上前に亡くなった芸術家の名にちなむ必要がある。惑星を横断するリッジの名は、水星の研究に尽力した科学者にちなみ、地溝帯の名は、功績のある建築家を記念しなければならない。山の名は「熱い」を意味するさまざまな言葉に由来し——たとえば、カロリス山脈はラテン語で「熱の山脈」だ——断層でできた険しい斜面や崖は、科学的探検に関わった船の名にちなんでいる。

表面に散在する多数のクレーターはさておき、あなたの目には水星に広がる広大な平原が見える。そこに目立つようなクレーターが形成されていないことは、この地域がこの惑星で最も新しい時代にできたことを意味しているが、起源はまだはっきりしない。それらは巨大な衝突でできたクレーターかもしれないが、火山が起源の可能性も同じくらいある。カロリス盆地は、底の割れ目やリッジのような明らかに衝突起源の痕跡を持つと思われる唯一の大平原である。水星の平原は概して月の海と似ているがはるかに地味で、それというのも、月の海は反射率が小さくて暗く見えるのに対し、水星では周囲と反射率が似ているからである。

水星にはもう一つ、クレーターと同じくらい太陽系の惑星に共通している、月、火星、金星にも見られる特徴がある。それらは一般に崖か一種の断層のように見えるが、今では地表の物質の褶曲と考えられていて、ルペス[8]と言われる。その起源は、何千万年にもわたり徐々に冷やされ収縮した惑星の進化にさかのぼる。惑星が収縮すると地殻は褶曲して否応なしに変形し、このようなルペスを残した。しかし、二〇一四年になっても問題は残っている。ルペスが収縮を暗に示していても、水星が実際に小さくなったという直接的証拠はないのだ。

水星の地表全体で解像度の高い画像を撮ったメッセンジャー探査機が詳細な観測を行なった結果、

多くの表面地形の精密な測定が可能になった。さらに重要なのは、マリナー一〇号の際に画像が撮られて以来、〔水星から見た〕太陽の位置が変わったことだが、照度レベルが変化するということは、新たな地形が調査されて地表の形状がさらに精密に描かれる可能性があるということだ。メッセンジャー探査機は、プレート活動の結果生じた新たな特徴を発見したが、同様に、惑星の表面を突き抜け、地殻の断層から生じた高度三キロメートルにもわたるスカープ（滑落崖）も発見しており、ほかにも、スカープよりは小さいが、同じプレート活動から生まれた「リンクルリッジ」という素晴らしい名がつくものもある。

太陽系のほかの惑星と比較すると、水星のルペス、スカープ、リッジは特に目立つように見えるが、これらをまとめると、この惑星は、ちょうど乾燥したリンゴの皮にシワが入るのと同じように、冷却の際に縮んだことを強く示唆している。この地殻は平均の厚みが二五〇キロメートルで、惑星は四五億年前の形成後に約一四キロメートル収縮したことが研究で示されている。

マリナー一〇号とメッセンジャー探査機の観測が地球からの観測と結びついた結果、まず、水星の体積と質量がわかり、そこから密度が決定された。測定が容易な体積がわかると、軌道を回るか近くを通過する天体に及ぼす重力的影響を調べれば質量がわかる。これは、軌道周回する衛星を持つ木星、土星、地球のような惑星では比較的単純だが、水星にはこのような衛星がない。宇宙飛行が実現するまでは、水星や同じく衛星を持たない金星の質量を概算する唯一の方法は、近くの惑星に及ぼす重力の影響を計測することだった。

水星の重力による他の惑星の軌道の変化は小さいので、その質量を正確に求めるのはきわめて難しかった。しかし、いったんマリナー一〇号のような宇宙探査機が訪れるようになれば、水星の重力が探査機をどのぐらい引っ張るかが計測できるので、質量がわかる。質量を体積で割れば惑星の密度がわかり、水星のその値は一立方センチメートル当たり五・四三グラムで、地球より密度が少しだけ小さく、太陽系の惑星の中で二番目の大きさであることがわかった。地球の密度の大きさは、核を圧縮しているのが重力が原因であることは簡単にわかるが、水星の方がはるかに小さいので、このケースはありえない。唯一可能な説明は、水星の核はもっと重い元素である鉄に富み、核がもっと大きいはずだということだ。

水星の内部構造は、宇宙船が水星の近くを飛んだときに注意深く観測してその謎を解く鍵が明らかになったが、これほど密度が大きいとすると、水星はよく見られるように内部が三層に分かれると確信できる。地殻の下は、厚さ約六〇〇キロメートルと推定され地球と同様岩石からなるケイ酸塩のマントルである。だが、核ははるかに興味深い。地球の核は惑星の体積の一七パーセントを占めるが、水星の核はそれとは違ってはるかに大きく体積の四二パーセントを占め、そのほとんどが溶けている可能性が高い。

水星の核になぜこれほど鉄が多いかについては二つの説明が可能で、最初のものは、太陽系の荒々しい形成期にさかのぼる。太陽系に惑星が存在する前は、微惑星と言われる巨大な岩の固まりが至るところにあり、それらが互いに衝突して惑星が作られた。月が作られたのも、そのような衝突が地球で起きたときだったかもしれない。

若い水星にも似たような衝突があったと思われるが、そのとき、地殻とマントルの大部分は宇宙空間へ放出され、後には外層の多くが取り去られて鉄に富む核が残った。別の考えは、たとえば、水星が作られる際に太陽から強力な圧力[9]があり、ケイ酸塩の軽い岩石を排除することができたというものや、若い太陽は安定するまで非常に熱く、岩石は表面が蒸発して強烈な太陽風で吹き飛ばされたというものだ。

水星の軌道はかなりつぶれた楕円で、このことは、この惑星が液体の核を循環させ続ける強い潮汐力に支配されていることを意味している。この運動は、水星全体の磁場を駆動していると考えられるダイナモ効果の維持に必要である。メッセンジャー探査機のような宇宙船が訪れて調査した結果、磁場は概して安定しているが、時おり渦のような構造があることが示された。このような磁気トルネード[10]は、太陽風が太陽から磁力線を引っ張ってきてそれが水星の磁場とつながり、じょうご形になるときに起きると考えられる。

それらは一般に五〇〇キロメートルに及ぶほど大きく、起きるときは惑星表面が太陽風の力にまともにさらされる。磁場の中の隙間は、太陽が惑星の表面に影響を与えるだけではなく、磁場自体が十分強力なので太陽プラズマをとらえ、それにより表面地形を風化させることができる。磁場は、自らのまわりに磁気圏を発達させるほど強力でもあり、磁気渦ができる場所以外は、たとえば太陽のような他の磁場に対抗でき、磁気圏の粒子は水星の磁場に支配される。

＊

水星でフライバイをして金星に向かうと、宇宙船がこの惑星に着陸したり軌道に入ったりするのがどれほど難しいかを思い出す。太陽の重力がとてつもない引力を及ぼしていることがその原因である。なぜこれが問題かを視覚的に示す良い方法は、太陽を、巨大なゴムシートの中央に置かれた大きなボウリングのボールに見立てることだ。ゴムシートはボールの重さを支えようとするので、ボールの存在がシートを変形させることは簡単に想像できる。ボールの重みが作る窪みは重力による引力を表わし、あなたがボールに向かって回転しながら窪みの中に沈み込むと、まるで下り坂を走り下りるように減速が難しくなる。

宇宙船を水星や、さらに金星の地表に着陸させるのは、太陽の「重力の井戸」に飛び込むことを意味する。あなたの方でいかに減速しようとしても速度は速くなり、速く進めば進むほど減速は困難になる。だが、実際には減速する方法が二つだけある。一つは、惑星大気による空力制動の使用だ。これは、金星のように大気の厚い場所では有効だが、水星ではまた別の方法がある。宇宙船を水星の軌道に投入するたった一つの方法は、ロケットの力を重力による加速と逆に働かせて宇宙船を減速させ、水星に衝突せずにそっと降りられるようにすることだ。おそらく驚くと思うが、水星に着陸するには、実際には太陽系外に出るとき以上の燃料が必要である。

幸運なことに、地表に降り立って周囲を見渡すには《現実棚上げ装置》が使える。私たちの惑星をしっかり「見守っている」太陽は、見た目の大きさが地球から見たときの三倍近くになり、明るさは約七倍で、空を広く支配しているようだが、それは大層なことのように見えるものの明るさは特に目立つほど増加しない。光を散乱する大気がないので日中でも空は黒く、その暗黒の宇宙に星々が降りかかるのが見える。事実、太陽が天空ではるかに大きく見えること以外、月に立っていても水星に立っていても違いは認めにくいだろう。

あなたは赤道の少し北に着陸した。地平線を調べると大気減光がないことに気づくが（光は大気中を進むにつれて失われていく）、このため月にいるときと同じように、さまざまな地形までの距離の判断がとても難しくなる。北の地平線にはカロリス盆地の浅い縁が認められる。まわりを見渡すとクレーターがとても深いことに気づく。地表面を持つほかの地球型惑星には存在する、飛び込んでくる岩石を減速させて衝撃を軽くする役割を果たす大気が存在しないからである。足もとを見下ろすと水星のレゴリスが初めてきちんと見え、それは月で見たものとやや似ているが、少し違う。

粒子の大きさは月のレゴリスより細かいようでもっとパウダー状なので、ブーツに余計くっつきやすい。その理由は完全にはわからないが、水星の位置が小惑星帯から遠く、太陽に近いことかもしれないと考えられている。小惑星帯から遠いことは、彗星起源の隕石の衝突が多いことを暗に示しているが、これは往々にして、小惑星帯からの隕石より速度が速い。すると、エネルギーは大きくなるので、衝突の破壊度は増し、地表をさらに粉々にする。

あなたは注意深く近くのクレーターの縁に歩いていくが、重力が小さいためほんの少しの力で飛び跳ね、動き回ることができて、効率的であることきわまりない。縁からクレーター壁を覗き込むと、底が濃い影の中に沈んでいるのが見えて驚く。クレーターは深いが、急斜面ではないので、ヘルメットのランプを点灯して、苦労しながらも縁を越えて斜面を降りていく。

クレーター底の温度は表面よりずっと低いが、もちろんあなたは宇宙服で快適な温度に保たれている。一般に極地付近のクレーターのみ、温度は水の氷ができるほど低く保たれ、このように深いクレーターも、赤道に近くなると氷ができないくらい長く太陽光を受けるようになる。ヘルメットの明かりの向きを移動してクレーター床を調べると、中央のピークがたまたま見えるが、それがどのくらい離れているかの判断はきわめて難しい。

再び斜面を上ってクレーターの外に出るときは、弱い重力と細かいレゴリスのためゆっくりしか進めないが、最後には地表に戻ってすぐに安全で快適な「カルディ」に帰り、次に行く惑星を目指す用意が整う。

*

水星と金星は一番近いときは三七〇〇万キロメートルほどしか離れていないので、次の旅程は数ヵ月しかかからず、比較的平穏無事にすむだろう。

二番目の内惑星である金星に近づくと、最初に気づくのはそれがまばゆいばかりに明るいということだ。地球から朝方か夕刻のたそがれの空に見る金星は、他の星々の中で際立って明るく輝いている。しかし、地球からでも金星に接近中の今でも、よく見ても模様がほとんどわからず、ぱっとしない。太陽系にある太陽以外のすべての天体のように、金星も他の惑星もそれらが太陽光を反射するからこそ見える。金星は、北極から南極まですっぽりと雲に覆われている惑星で、この雲はアルベド値が高く、つまり反射率が高い。この惑星の明るさは光が雲で反射するためで、表面を見ても細部が何も見えないことも、雲に覆われていることで説明がつく。

雲はさておき、金星の大気でさらに理解されていない特徴の一つは、アシェン光である。金星は地球より太陽に近いので、月とちょうど同じようなほぼ完全な満ち欠けが存在し、細い三日月になることもあるし、満月に近くなることもある。アシェン光はこれまでごく少数の観察者にしか観測されていないが、惑星の夜側の半球からかすかな光がくるように見える。この起源に関しては、強力な望遠鏡が開発される前は驚くような考えがあり、それは、金星人が植物を焼いているのではないかというものだった。

もっと合理的な説明は、それが月の夜側の半球で見られる地球照に似ているというものだ。地球照は、地球から反射される太陽光が月の暗い部分を照らす結果で、アシェン光の原因もこれと似た現象かもしれない。それほど一般的ではない考えに、稲光が何度か立て続けに起きて大気が一時的に光ったためかもしれないというものがあるが、電波放射がないことからこれは違うと思われる。

金星は、厚い雲に覆われた大気があるため、表面の観察は不可能だ。その様子を垣間見る唯一の方法は、そこに着陸するかレーダーで雲を突き抜けるかだ。レーダーは宇宙探査において多くの応用がある技術だが、中でも地表の地図の作成はその最たる成功例の一つである。レーダーという言葉は「電波探知測距」(RAdio Detection And Range) の頭字語で、一八八六年にハインリヒ・ヘルツが実際に示してみせた通り、固体が電波を反射する能力を最大限活用している。

そのわずか一八年後の一九〇四年、クリスティアン・ヒュルスマイヤーは最初のレーダー装置である「テレモバイロスコープ」の特許を取得したが、これは、霧の中の船のような遠くの見えない物体に電波信号を当てて、その方向と距離を知るというものだった。これは、今日私たちが電波がどれほど高速で飛ぶかを知っているから有用で（電磁波スペクトルのすべての波長と同じで、秒速三〇万キロメートルである）、電波が物体から跳ね返って戻るまでの時間を計測することで距離がわかる。

この技術は、船舶や飛行機の位置をぴたりと決定するのに大いに役立ったが、その重要度は金星のような惑星の地表図の作成でも変わらない。幸い、電波は厚い雲の中も直進して見えない地表で反射するので、地形を完全に描くことができる。マゼラン探査機は、レーダーを使って地表の地図を作成するため金星の極軌道に留まったが、これは、マゼラン探査機が金星の極から極の上空へ軌道周回したということだった。その軌道はかなり一定していたので、撮像の航行を一周するごとに惑星はその下で少し自転し、少しずつ異なる面を見せていた。一回の軌道周回に要する時間はわずか三時間だが、これを何千回も繰り返した結果、地表の九五パーセントについて高解像度の地図が作られ、それまで決して見えなかった多くの新たな地形が明らかになった。

マゼラン探査機が覗き込んだ金星大気はほとんどすべて二酸化炭素で、窒素が少し含まれている。二酸化炭素が多く、二酸化硫黄の厚い雲が存在することは、地表で感じる温度が高温になる原因で、ロシアのヴェネラ探査機の記録によると、水の沸点の五倍近くも高い四六〇度に達する。金星は、その歴史のある時点では、地表で水が液体で存在できる大気がある、はるかに過ごしやすい場所だったと考えられている。しかし、数百万年にもわたる水の蒸発と火山活動が原因で、炭素サイクル機能が停止した。地球では、炭素は常に大気、生きた動植物、海洋や岩の間を移動している。

炭素を岩石に閉じ込める過程は水との相互作用だが、それは、炭素が直接地表の海洋に溶け込み、その後生命体によって有機炭素に変えられる——この場合は、生物が死んで炭素に富む骨格が化石になり、最終的に海底へ行く——あるいは、炭素が雨と一緒に降ってこの雨が風化を起こし、炭素がいくらか岩に吸収されるかのどちらかである。炭素は岩の中に入り、何百万年間もそこに閉じ込められるが、惑星に住む生物が化石燃料として燃やせばそれまでだ。金星にまとまった水が存在しないことは、炭素が大気中から水、そして岩石へ移動する過程が止んで大気に炭素がたまったままになることを意味し、二酸化炭素は熱を吸収するため、大気は徐々に暖まり、温室効果を生じさせるようになる。

太陽からくる熱は、最終的に金星、地球、あるいは大気を持つ他の惑星の表面に到着する際、実際には大気中の相互作用をほとんど起こさず素通りし、地表に届いてそこを徐々に暖める。その後、地表は、波長の少し異なるエネルギーを再び放射して少しずつ大気を暖める。これが天候を左右する推進力となり、暖かい空気は上昇し、地表に低気圧の地域を作る。地球では熱は宇宙へ少しずつ拡散するので、大気温度のゆるやかな上昇が抑制されるが、二酸化炭素の豊富な大気が熱をとらえる金星ではそうはならず、熱が逃げていくのを防ぐため、温度は抑制を受けずに上昇する。水星は太陽までの距離が金星より何百万キロメートルも近いが、その水星よりも金星は熱く、太陽系で一番熱い惑星なのは、この手に負えない温室効果のせいである。

濃い大気は温度を上昇させるように働くだけでなく、大気が起こす低層の風は昼夜の温度を等しくしようとする働きがある。言い換えれば、一昼夜での変化がほとんど存在しない。極の温度と赤道付近の温度と比較しても、違いはほとんどない。これは、昼側の面は太陽に焦がされるが、夜間に急速に冷え込む水星とはいたって対照的だ。金星で唯一温度の変化が見られるのは、地表からの高度が違うときだけである。

温度差は風を生み出す要因となる力であり、上空は低温で地表は高温であることから、それらの間には高い温度勾配がある。このような温度勾配の大きさは、上空できわめて高速の風が吹く一つの原因であり、金星ではそれがさらに強まる。ヴィーナスエクスプレス探査機が調査したとき、地表から約七〇キロメートル上空の大気の平均風速は、二〇〇六年には時速二九〇キロメートルだったが、六年後には時速四〇〇キロメートルを超すようになった。この速さだと、風は金星を一周するのに四日弱しかかからず、これは、一周に二四三地球日かかる緩やかな自転周期と比べると著しく対照的だ。天王星は、横倒しという表現がむしろピッタリの逆行、もしくは右回りだが、一方、他のすべての惑星は左回りである。風は、金星の極端な気候を理解しようとする惑星気象学者たちを今も混乱させている。

高層大気の雲の特徴の動きを調べれば、風速が計測できる。二酸化炭素の多くは低層の大気に集中しているが、その上には、風速が大きく、入射する太陽光の九〇パーセント近くを反射する二酸化硫黄の厚い雲がある。太陽光と二酸化硫黄の組み合わせは、惑星の地表に住みかを見出す生物にとり致命的である。

入射光の一部は、二酸化炭素、二酸化硫黄、水蒸気に吸収され、化学反応を促す。特に、二酸化炭素（炭素原子一つに酸素原子が二つついたもの）は、太陽光の紫外線の量に応じて一酸化炭素（炭素原子一つに酸素原子が一つついたもの）と酸素原子一つに分解される。この過程で作られる酸素原子は二酸化硫黄と反応して三酸化硫黄を作り、これが、金星大気にごくわずかな痕跡として残る水蒸気と結合すると硫酸ができる。

この過程が起きる上層大気の温度は、硫酸が液体で存在し、二酸化硫黄とともに厚い雲を作ることを意味している。この雲は高度四〇キロメートルから七〇キロメートルに存在することが多く、硫酸の雨を作り、その後雨はさらに高温の下の層へ降りていく。硫酸の雨が降ると、その中に混ざっていた水蒸気が暖められて放出され、酸がさらに濃縮する。硫酸の多くは、地表に着くころには気体の状態になった三酸化硫黄と水蒸気に分解する。

三酸化硫黄はさらに二酸化硫黄と酸素原子に分解し、酸素原子はその後一酸化炭素と結合して二酸化炭素になる。二酸化炭素は大気の下層部に留まる傾向があるが、二酸化硫黄と水は対流に乗って昇り、大気の上層部に戻り、同じ過程を繰り返す。二酸化硫黄の厚い雲はほとんどの太陽光を遮る原因である。これほど多くの入射光が反射して再び宇宙空間へ戻るのであれば、この惑星の地表が日中も暗いことは明らかである。

金星の地表の状態を最初にとらえたのは、一九七〇年代に着陸したヴェネラ探査機だった。ヴェネラ探査機はこのひどく過酷な世界の地表の画像を初めて送信した。降下時には、二酸化硫黄の雲の厚さが約四〇キロメートルであることを計測し、塩酸とフッ化水素酸という危険な化学物質も存在することを突き止めた。探査機は最後に着地したあと、金星が有人探査にはなはだ適さないことを明らかにした。幸い、当然のことながらあなたは《現実棚上げ装置》を使ってまったく安全に金星の地表を探検できる。

地表に降り立つと、そこはほとんどいつも薄明時のように暗く、頭上に厚い雲があるため星は見えない。立って景色をゆっくり眺めることはまったく不可能である。頭上の濃い大気が地表に及ぼす圧力は、地球の九〇倍も強いのだ。

これはそれほど大変なように聞こえないかもしれないが、水面から約九〇〇メートル下の海にいるのと同じで、人間をつぶすほど巨大な圧力である。これでも恐ろしげに聞こえないなら、表面の温度が約四六〇度であることを思い出してほしい。したがって、もし《現実棚上げ装置》がなければ、あなたは圧力でつぶされるだけでなく、ひどい熱で焼かれてしまうだろう。だが、明るい面もあり、それは、地表の温度がとてつもなく高いので、たちの悪い硫酸の雨は実際には地表に届かず、高度約二〇キロメートルで蒸発するということだ。

これらの過酷な条件のほか、地表を動き回ることは不可能でないにしても困難で危険である。金星の地表の風速は適度にゆっくりで、秒速一メートル以上になることは珍しい。対する地球の最大風速は、熱帯低気圧の中で記録された秒速一一三メートルである。風は穏やかなのに、大気濃度は地表のあらゆる物質に実に強い力を及ぼすので、砂嵐の中を歩き回るようなものだが、飛んでくるのは砂ではなく石や小石かもしれない。その力で地表の粒子は浮かび上がり、移動するので、歩行は困難だ。

地表を見回すと、この世界が火山活動により変形したことがわかり、金星には地球より多くの火山があることは、マゼラン探査機の収集したデータから明らかだ。これは、金星の火山の方が活発だからではなく、地表が地球よりはるかに古いからである。金星の地殻は概算で六億歳だが、地球の地殻はたった一億歳だ。地球が常にプレート運動をしていることも、地表が新しくなることを意味しているので、古い火山は徐々に見えなくなっていく可能性が高い。金星にはプレートテクトニクスがないので、地表には昔の火山による傷がそのまま残っている。

興味深いことに、金星では火山活動が雷雨を起こすように見えるが、一方、地球では、降雨が嵐をもたらすことが普通だ。金星で唯一の降雨は硫酸だが、すでに見たように、地表がとてつもなく高温のため雨が大気の下層部まで届かず、したがって、金星の嵐は、噴火のとき放出される灰の粒子が引き起こすと考えられている。[11] 金星で稲光と激しい雷雨が認められることは、[12] 火山のいくつかが今も活動中であることを示唆しており、大気中の二酸化硫黄の測定結果も、最近噴火があったという考えを支持している。というのも、二酸化硫黄の量は一九七八年から一九八六年の間に減少したようで、これは、最近の噴火で噴煙の化学物質が上空大気に上がったとすると説明がつくからだ。[13]

太陽系のすべての岩石天体のように、金星には何千ものクレーターが認められ、その多くはまだ保存状態が良い。このことは、地形の細部の浸食が最小限であることを暗に示している。さらに興味深いことに、約五億年前に、金星全体の地表が新しくなる出来事が何か起きたことが示唆されている。だが、プレートが移動しないため、マントルが熱をあまり再分配したり放散したりできなくなり、熱が蓄えられて決定的なレベルに達した。金星全体でおそらく一億年間続いた出来事の中で、地殻が丸ごと脆弱になってマントルの中に落ち込み、実質的に地殻自体が新しくなったのだ。[14]

金星の地表が人を寄せつけない場所であることは知られているが、それは、これまで着陸したさまざまな探査機が実際に示したからである。探査機はみな、この過酷な環境に着陸してわずか数時間後に壊れたのだ。金星を軌道周回した探査機はこの惑星の重力地図を作ることができたので、内部構造の探査が可能になった。地球と多くの点で似ているこの惑星の内部組成の状況をつかむには、一般常識で十分である。二つは大きさがそっくりなだけでなく――地球の方が六四二キロメートルだけ大きい――、密度と質量も似ている。また、太陽系の大体同じ場所で形成されたので、内部構造も互いに似ているという仮定は理に適っている。

金星の地殻は地球のそれに似ているが、厚さは均一である。地球の地殻の厚さは、海洋の一〇キロメートルから大陸の五〇キロメートルと変化するが、金星の地殻の厚さは五〇キロメートルでほぼ一定していると考えられている。ただし、プレートの移動がないことから、これより厚い可能性もある。また、マントルのまわりをプレートが動き回る地球の対流と比べ、マントル内の対流が不活発とも言われている。マントルは金星の体積の大部分を占め、そのほとんどは固い岩石からなると考えられている。マントルは固体であっても粘性のある液体のように振る舞い、実際長期間にわたり非常にゆっくり動くことができる。

惑星内部の対流は、熱が深部から表面へ移動する主な道筋の一つである。熱は、地球での放射性元素の崩壊と同様な過程により生み出される。核の温度は大体同じか、おそらく少し低いと考えられているが、それというのも、温度がはるかに高ければ、マントルの物質の粘性が低くなって対流が活発になり、表面に地質学的な証拠がもっと現われることになるからである。興味深いことに、金星の表面地形はマントルの動きの直接的証拠であるかもしれない。標高が平均より高い場所がある領域は、その下で対流が噴出して地殻が変形している可能性がある。

惑星内部の探査は、重力の効果を利用するだけでなく、磁場の調査からも金星の核について多くのことがわかる。金星に行った着陸機はこの調査も広範囲に行なった。最初の段階の探査機の一つであるヴェネラ四号は、金星の磁場が地球の磁場よりはるかに弱く、地球のような内部のダイナモにより作られたのではないことを明らかにした。むしろそれは、太陽風と金星大気の上層部、特に電離層が相互に作用した結果である。磁場の起源の違いは金星の核について多くのことを教えてくれる。ダイナモが存在するには三つの条件が必要で、それは、核の回転、伝導性液体、対流である。

金星の中心核は私たちの地球の中心核と同じ化学組成の物質でできているようで、これは、核が鉄とニッケルで作られていて電気を通すということである。もし、それが伝導性で回転している可能性がきわめて高いなら、一つ欠けている要素は対流である。そこにある程度の対流があるなら地球と同じ外核があるはずで、したがって、対流がないということは液体の核はないはずであると暗に示される。このような対流を背後で動かしている力は、普通、外核の底が上層部よりはるかに高温で、その大きな温度差が起こす流れである。あるいは、液体の外核はあるがプレートの運動がないため熱の逃げようがないことで、ダイナモの欠如が示している可能性もある。これは、外核の最上部の温度が理論上の温度より高いため、温度差が小さくなり対流が減少するということかもしれない。金星に再び行けるようになり、地震計をつけて内部構造を調べるまでは、本当の答えはわからないだろう。

*

さて、出発のときがきた。というのは、この先には太陽をもう一周軌道周回し、その後徐々にスピードを上げて金星のフライバイを再び行ない、太陽系で一番美しい光景の一つであるはずの地球を最後にもう一度眺めるという一七ヵ月の行程があるからだ。これで太陽との相対速度は時速二万一〇〇〇キロメートルまで上がり、これなら旅程の次の目的地の外惑星、すなわち火星を目指せる。

第５章

おなじみの世界

火星，小惑星

あなたは暖かい内部太陽系をあとにして火星を目指すが、その旅程は平均で二億キロメートル以上あり、これまでの旅で最長である。火星の先には小惑星帯があるが、そこは旅の中で最も危険に満ちた場所の一つである。ここを安全に通り抜けることはできるだろうか。それとも、SF映画の場面のように、乱れ飛ぶ岩の中を、一番操縦に長けたパイロットが飛ぼうとするようなことになるのだろうか。時がくればわかるだろう。だが今は、慣れ親しんだ太陽系の中心部を遠く離れる長旅に出なければならない。

太陽系最深部に入るこれからの数ヵ月間にやるべきことはそれほど多くないが、そのあとはすぐに、宇宙船に何年間も籠もる年月に突入する。それは、閉所恐怖症を発症するほど窮屈な状態かもしれない。この旅のような長旅では乗組員の選抜は特に重要で、それというのも、もし物事が何かうまくいかなくても、少なくとも乗組員は精神的にも強靱で、上手に協力して働くことが求められるからだ。このような理由から、長丁場の宇宙飛行の計画者はカップルを好むが、それというのも、彼らにはすでに良い絆があり、生活の場でお互いがすぐ近くにいることに慣れているからだ。とはいえ、宇宙へカップルを送るということは、当然、彼らの生理的本能が間もなく強くなり、お互いの愛を実際に身体的な方法で確かめたくなるということだ。

宇宙での性の問題は、二一世紀まで多くの宇宙機関でタブーと考えられていたが、宇宙飛行士が国際宇宙ステーション（ＩＳＳ）に搭乗する時間が長くなるにつれて、無重量状態が人間のこの基本的な営み、言うまでもないことだが生殖や妊娠に与える影響を研究者たちは調査し始めた。（小人数の乗組員の中で親密な関係が発展することが、業務の遂行や安全、ミッションの最終的な成功といった問題にどう関連するかは社会的関心事でもあるが、ここでは行動する際の物理的側面のみ考えることにしよう）。人工的な重力のある宇宙船ではセックスは大した問題ではないが、人工的な重力がない場合は困難かもしれない。情熱が高まると人々は愛し合う中で部屋中を浮遊して反対方向へ行き、相手の方に戻ろうとしてもがくこともしばしばだ。

親密な時間を一緒に過ごそうとする絶えまない格闘に打ち勝つべく、「人間を接近させておく」ことを第一の目的として、ベルクロとファスナー（いわゆる「マジックテープ」）とジッパーがたくさんついた「トゥー・スーツ」[1]が開発された。このスーツは、着用者が最小限の手間で自分をワークステーションに固定し、どこかへ浮いていかないようにしたり、あるいはもっと適切な方法として、二着の「トゥー・スーツ」を互いにくっつけてほとんど繭のような形の衣服を作り、中の二人が望まぬ運動法則の干渉を受けずに親しく過ごせるようにする。このような衣服の恩恵を受けるのは愛し合うカップルだけではなく、子供のいる家族は、たとえば映画を見る間、子供をそばにいさせ、あたりを動き回らないようにと動きっぱなしになる必要がなくなる。

だが、私たち人間が将来本当に宇宙に出て行けるようになるには、受精や妊娠の過程に無重量状態がどのような影響を及ぼすかをよく理解する必要がある。このような条件下での胎児の発生をラットやマウスを使って調べる研究はすでに行なわれている。受精したマウスの胚は微小重力で育つようだが、受精率は通常より低い。受精卵がいったん地球に戻されてマウスの体内に入れられると、それらは発生して普通の健康なマウスになるようである。別の実験ではラットの胚の発生が研究された。微小重力の中で生まれたラットでも、すべての過程は普通に進むように見えるが、それはラットが地球に戻り、重力にさらされるまでのことで、微小重力〔の環境で育った〕ラットは立ち上がる能力を持たない。受精と胎児の発生の過程を最初から最後まで宇宙で全部行なった研究は今日までないが、無重量状態で生まれた動物が普通の重力のある惑星に戻ったときに主な問題は出るようである。さらなる研究が必要だ。もし今後、恒星空間に出られるようになり、遠くの惑星に入植したら、その過程で生殖は必須となり、宇宙での種の存続上最も重要になるのは明らかだ。

この旅が続くと太陽は背後で徐々に光が弱くなり始める。火星の近くに到達するころには、太陽の大きさは地球で見慣れていた半分ほどになり、日中、火星の地表に降り注ぐ光は地球の曇天のようだ。火星から太陽までの平均距離は約二億二八〇〇万キロメートルだが、その距離は最も接近したときで約二二〇〇万キロメートル短くなる。こうした距離で太陽軌道を一周するには六八七日弱かかり、これは地球が太陽を一周する約一・八八倍だ。

地球と火星の軌道周期から、太陽、地球、火星の三つの天体は、二年二ヵ月ごとに一列に並ぶという特別な配列になり、これは「衝（しょう）」と言われる。この名前は、太陽と火星が地球の空で見て、それぞれ逆方向にあり、地球が真ん中にくることからつけられた(2)。これは、地球と外惑星との間ではどこかで必ず起きる配列である。火星の場合、この時の地球との距離は普通約九〇〇〇万キロメートルで、次に一列に並ぶころにはこの赤い惑星を目指す宇宙船が続々と打ち上げられるだろう。

衝にある火星は地球からきわめて観測しやすい位置にいるので、それが、火星が天文学者が広く研究する惑星の一つである理由となっていることは間違いない。火星にこのような人気が出てきたのは、初期の望遠鏡が活躍した一六〇〇年代にさかのぼる。この赤い惑星については、初歩的で素朴な望遠鏡でもきわめて興味深い観測が記録され、望遠鏡の解像力が上がるにつれ、まさに注目すべき細部のいくつかが見えるようになった。一八七七年九月、ジョバンニ・スキャパレリは、口径二二センチの天体望遠鏡で大接近時の火星の衝を観測し、その地表には複雑な水路が張りめぐらされていると記録した。

実際スキャパレリは、その地形を母国語のイタリア語で「溝（grooves）」を意味する「canali」と名づけたが、この言葉はその時誤って「運河（canals）」と英語に翻訳された。間もなくこの「運河（canals）」は、不毛で乾いた赤道地方に住む明らかに知能の優れていた種族が強く求めていた水を、極地方から運ぶために火星全体に張りめぐらした大規模な水路であると間違って解釈された。望遠鏡の改良が重ねられると、スキャパレリが見た地形は実際には視覚的な錯覚だったことが明らかになった。この惑星の表面地形を探しながらも、望遠鏡の解像力がかなり低くて細部がよく見えなかったため、これらの模様を互いにつなげて線にして意味を見出そうという気持ちになったのだ。

火星の運河という誤った認識は、この赤い惑星に火星人が住むと信じる多くの人々の想像をかき立てたかもしれないが、火星に知的生命は存在しないことを今日私たちは知っている。しかしこれは、何らかの形のきわめて原始的な生命さえも存在しえないという意味ではない。火星の地表には水が流れていた時期があり、この惑星の地下層や北極地方に水の分子が閉じ込められている証拠はすでに見つかっている。

一九八四年には、「アランヒルズ八四〇〇一[3]」という火星起源と思われる隕石が南極で発見された。科学者たちは、この岩石の中に閉じ込められていた小さな気体を分析し、これが一九七〇年代後半に火星の地表に〔ランダー（着陸機）を〕着陸させたヴァイキング計画で分析した火星大気特有の化学的組成と一致することを発見した。隕石の深奥部には、多環芳香族炭化水素（略称PAH）[4]として知られるごく小さな鎖状化合物があり、これらは生体活動の副産物と考えられる[5]。したがって、少なくとも過去のある時期には、火星の地表で生体活動があったかもしれない。だが、これがバクテリアのようにさらに複雑な生命体の進化につながったかどうかは、まだ科学的議論の対象である。

火星の赤い色は、特に地球から望遠鏡で見たことがあるなら、間違いなくお馴染みのものだろう。火星の二つの衛星、フォボスとダイモスからの小さい光も見えるはずだが[6]、その発見についてはきわめて面白い話がある。それらは最初、ジョナサン・スウィフトによる有名な『ガリバー旅行記』の中の話になったが、それは一八七七年の実際の発見より一五〇年以上も前のことだった。一六〇〇年代初期の望遠鏡の発明で、巨大な木星のまわりを四つの衛星が回っていることが明らかになったので、地球に月が一つあると知っていたスウィフトは、火星にはおそらく衛星が二つあるだろうと仮定したのだ。科学的根拠はほとんどなかったが、彼は正しかった。

二つのうちの大きい方がフォボスで、直径が二二キロメートルあり、一方、ダイモスの直径は一二・六キロメートルである。これらの組成は小惑星帯で見つかった天体と似ているため、捕捉された小惑星かもしれないと考えられた。もともと非常につぶれた楕円軌道で火星のまわりを回り始めただろうが、これは、現在、両者が完全な円軌道であることと矛盾する。火星大気による空力制動のような仕組みで軌道周回速度が落ち、軌道が円形になっていった可能性があるが、小さいダイモスの場合はそのための十分な時間がなかったはずなので、この謎は未解決のまま残っている。

この旅のような太陽系めぐりで、もし本当に声を大にして行きたいと言う場所を一つだけあげるとするなら、それは火星である。その地表を歩き、空にかかる二つの衛星を見上げることは、信じがたい経験になるだろう。惑星そのものは、直径六七七九キロメートルで大きさが地球の約半分しかないが、そうであっても火星は地球の双子と呼ばれ続けている。物理的特性を明確に基準にするなら、おそらく金星の方が双子と言うにふさわしいだろうが、地表の状態は火星の方がよく似ている。

火星に接近していくと、極地方の白い極冠が視界に入る。大気は金星と似てほとんど二酸化炭素からなるが、濃度がはるかに低いので、地表の温度はおよそ高いとは言えない。火星の地表の平均気圧は地球の約〇・六パーセントなので、生命は維持できず、探検には宇宙服による保護が必要だ。宇宙服は適切な気圧を保つが、それは呼吸を助けるためだけでなく、体が膨らんで動くのが困難になるのを確実に防ぐためでもある。[7] 気圧の保持は、気体が密閉できる容器に純粋な酸素を注意深く注入すればよい。

実際のところ、火星の衛星を火星の地表から見ると少々失望する。ダイモスは、地球から見たときの金星ほど印象的でもないが、フォボスはもう少し興味深い。地球から空を見上げると、フォボスの大きさは満月の約三分の一で、火星の赤道に沿って軌道周回するため、南半球のヘラス盆地の少し北の着陸地点からだと空のごく低い位置に見える。[8] もし、北極地方か南極地方に着陸していれば、フォボスはまったく視界に入らないだろうが、ここからだと両方の衛星が見える。

それらはわずか数時間ほどの観察で、軌道の特徴の違いが驚くほど明らかになる。ダイモスは二つの衛星のうち外側にあり、軌道を一周するのに約三〇時間かかるが、火星の自転を考慮すると、東から西へ空をゆっくり横切るのに約二・五日かかる。一方フォボスはもう少し動きがすばしこく、火星の軌道をとても速く回るので、西の空から昇って東の空に沈み、再び西の空から昇るのに七時間しかかからない。

フォボスもダイモスも地球の月と同じような満ち欠けをする。ダイモスは明るさが変化し[9]、満ち欠けを見るには望遠鏡[10]が必要である。フォボスの方がはるかに簡単に見え、月と同じように潮汐力に支配されているので、火星にはいつも同じ面を向けている〔ダイモスも同じ面を火星に向けている〕。フォボスは火星に近く、軌道周回速度が速いことから、火星との間の潮汐力で実際には軌道運動にブレーキがかかり、最後は火星の地表に向かって落ちることになる。だが、フォボスは火星に衝突する以前に、潮汐力がきわめて強くなり、衛星を崩壊させるロッシュ限界に達するだろう。火星にはクレーター鎖がたくさんあり、これは、他の小さな若い衛星が衝突の運命をたどってできたと考えられている。一方ダイモスは少し離れすぎているので逆に加速を受けて、火星から遠ざかっていく。

火星の地表の光景を調べると、おそらくヴァイキング着陸機が送ってきた画像を思い出すだろう。それは、広大な赤い砂漠の真ん中にいるような感じだ。じっと立っているぶんには問題ないが、重力が弱いためあたりを歩き回ることは難しいし、足を踏み外しやすい。火星の質量は地球の約一〇分の一で、これは、表面の重力が地球の四〇パーセント以下しかないことを意味するので、火星で〔地球で使っていた〕体重計に乗ると体重はいつもの半分以下になる。

地表の状態は月のそれと大きく異なるわけではなく、玄武岩の地殻上層部をタルカム・パウダーの粉がほぼ均一に覆っている。だが、大きな違いが一つあり、それはすべてがサーモン・レッドの色に見えることだ。火星の地表を覆うパウダー状の粉は酸化鉄で、錆という方が通りは良いが、これは、地球で鉄を雨ざらしにしたときにできる錆とまったく同じだ。火星の酸化鉄は、液体の水がもっと豊富にあった何十億年も前に鉄が水と反応してできたものだ[11]。

数十億年前に火星に存在した水は、大気中の二酸化炭素とも反応して炭酸塩岩も作ったが、これは、大気中から二酸化炭素を抽出してそれを閉じ込め、大気中の二酸化炭素を徐々に薄くしていく過程だった。火星にテクトニクス活動がないということは、二酸化炭素は岩石中に閉じ込められたままということなので、火星の気候は数十億年前とはきわめて異なったままだ。この薄い大気と非常につぶれた楕円軌道は、火星表面全体の温度差がきわめて大きいことの原因である。

赤道から約三〇度南のここへラス盆地の縁では、日中は温度が約一〇度まで上がるが、夜間はマイナス六〇度に急降下する。他の場所も温度の変動が激しく、高いときで夏の北半球の約二〇度、低いときで冬の極地方のマイナス一五〇度だ。両半球で相当な温度差があると、非常に強い風が吹く。ヴァイキング着陸機は秒速三〇メートル（時速約一〇八キロメートル）の風を記録したが、気圧が低いため、地球の同じ風速と比較すると強くは感じないだろう。

この風は惑星全体に酸化鉄を散布させる原因であり、二〇〇一年、当時火星の軌道を回っていたマーズ・グローバル・サーベイヤー探査機が検出した、火星全体を飲み込んだ砂塵嵐の原因でもある。地表を覆う塵が細かいために空はかなり不気味で奇妙なピンク色になり、それというのも、一つひとつの粒子の多くが薄い火星大気に浮遊し続けるほど小さいからである。

ヴァイキング探査機からの最初の画像が受信されたとき、その色は空は青いものと思っていた人々により修正された。間もなく、色合いを適切に修正するために探査機に取りつけられていた色補正チャートのせいで、色が間違っていたことがわかった。それが正しく直されると本当の色の画像が見え、火星の奇妙なピンク色の空が初めて明らかになった。

この惑星をたびたび苦しめる砂嵐は、地表探査車や着陸機にとり本当に難題で、それというのも、砂塵はたちまちソーラーパネルや光学装置にたまって薄い層を作り、機能を止めるからである。このため、火星着陸機は、砂嵐が襲い入射光が減る間も十分電力が供給できるよう、ソーラーパネルから充電できるバッテリーを備えている。あなたにとっては幸いなことに、今は道中に嵐がないが、塵がパウダー状なので、排気設備に問題を起こすことがありそうだ。宇宙服なしで火星の地表で生き延びようとすれば、明らかに十中八九自殺行為につながるが、それはただ、空気圧も酸素も足らず、温度〔変化〕もとてつもないからだけではなく、フィルターがなければ塵で窒息するからである。

砂嵐はこの惑星のある地域に源を発していると思われるが、その場所はヘラス盆地で、これはこの場所が飛行計画で選ばれた主な理由である。この巨大衝突クレーターは、驚くことに端から端まで二三〇〇キロメートルあり、深さは七キロメートルである。これは、太陽系全体で見ることのできるクレーター中で最大だ。この深さだと、大気圧は（地球大気の）約〇・〇一気圧に上昇し、これでも低いが、地表の平均大気圧よりは高い。もし、温度が約零度より上がることがあれば、液体の水が地表に存在できる可能性もある。北東に走る多くのガリー[12]のようなこれまで見られた侵食地形のいくつかも、この水によりできたのかもしれない。

火星は地球と似ていて、さらに地球から比較的近くにあるため、人類が入植できそうな場所として第一のターゲットとなる。現状では、火星は地表を短時間散策するには素晴らしい場所だが、人類の基地をきちんと築くには計画と準備がさらに必要だろう。火星の地表を生命が維持できるようにする壮大なテラフォーミング計画は、まだ先が非常に長いし、その実現性が疑問であることは言うまでもない。火星探検では、これまでのところ生命のいる痕跡はないという結果が出ているが、火星にはどのような原始的生命もいないときっぱり断言できるまでは、その生命体を危険にさらす恐れがある。だが、特別に設計され生命を維持できる居住区に人類の基地を設営することは、明らかに私たちのコントロールできる範囲内だ。

この展望に現実味を持たせるには、ロボットを火星に送って道具や資材の輸送を開始するのが賢明だ。最初の何回かの輸送には、空気注入式の住居設備や、太陽や風力で生み出したエネルギーを蓄えることのできる発電設備が含まれるだろう。食料や飲料を生産するため土から資源や鉱物を取り出す機械や道具、のちには建築資材も要るだろう。呼吸のための空気とロケット燃料を生産するために、大気から化学物質を抽出できる装置も必要になる。だが、これは全体のごく一部にすぎない。

いったんインフラが十分に送られ、できる限りの設営がなされたら、最初の入植者が到着する。彼らは、共同生活ができるという実績がある人々でなければならず、したがって繰り返しになるが、最初に送られる人々はカップルである可能性が高い。また、まったく自分たちだけで何もかも行なう必要もあるので、建築、エンジニアリング、医療、科学に関して幅広い技術を持ち、加えて、入植地が成長していけば、法や秩序を確立するために何らかの形の政治的手順も必要になるだろう。成功の可能性を最大限にするためには、おそらく最初の参加者は必然的に厳選され、新しい社会が作られなけ

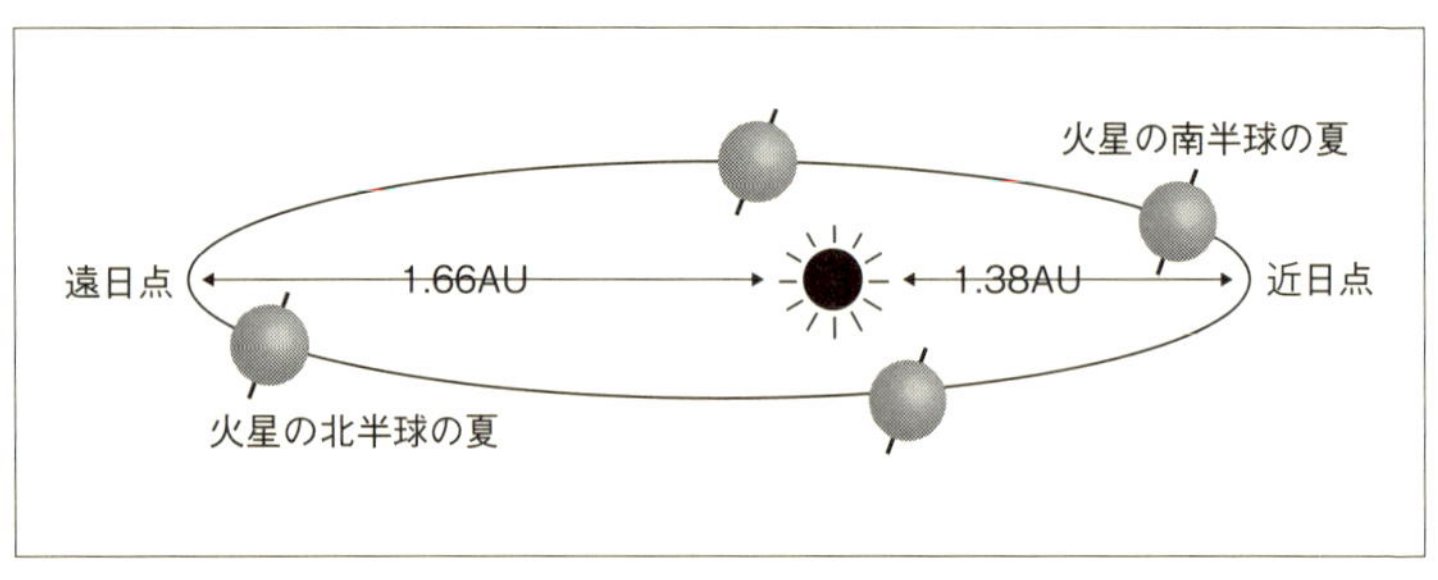

火星の季節
火星の軌道はかなりの楕円で、太陽からの距離は、軌道を一周する間にかなり変化する。そのため、火星の季節変化は南北半球で非対称になる。火星の南半球の夏に火星は太陽までの距離が近くなり、北半球の夏には太陽までの距離が遠くなる。したがって、季節の順番が半周期遅れて同じような季節が進行する地球のパターンとは異なっている。

ればならない。長期間になれば、新たな社会の繁栄に役立つよう、さらに多様な技術を持つ新たな人々が入植地に入る必要がある。

だが、現時点ではこの惑星で過ごす時間は終わり、あなたはこの不毛で無人の世界をあとにする。

宇宙船「カルディ」の快適な空間から火星をもう一度見下ろすと、その自転軸は、地球や他の多くの惑星と同じように太陽を回る軌道面の垂線に対して傾いている。火星の自転軸の傾きは二五度で、それよりやや傾きが少ない地球の二三・五度とほぼ同じである。もっと決定的に、傾きの直接的結果としてあるのは、火星にはちょうど地球と同じような季節が存在することだが、とはいえ、そこにはかなり重要ないくつかの違いがある。火星の軌道周期は地球の二年間弱で、季節の長さは約二倍である。

また、火星の軌道はかなりの楕円であり、太陽からの距離は、軌道を一周する間に一九パーセント変化する。したがって、両半球の季節は同じではなく、季節の順番が半周期遅れて同じような季節が進行する地球のパターンとは異なっている。火星の北半球の季節は、南半球の同じ季節より平均温度が約三〇度低いが[13]、いつもこうだったわけではない。火星の傾きはその歴史の中で変化しており、過去の方がはるかに傾いていた強力な証拠がある。地表の奥深くには氷に閉じ込められた大量の水の蓄えがあり、これは、この惑星の極冠が先の千年間ははるかに大きく、温帯地方にもっと広がっていた結果だと信じられている。この傾きが小さくなり現在の値になったので、極冠が後退したが、その存在の証拠は地下に閉じ込められて残った。

二〇一三年には、火星探査車「オポチュニティ」が興奮を呼び起こす発見をした。それは、この惑星の地表に中性の水が存在する証拠があるというものだった。オポチュニティは、いくつかの火星の岩石中に閉じ込められている粘土鉱物を発見したが、これは、火星のいくらか酸性寄りの水からは形成できなかったはずのものであった。中性の水は私たちが飲料水と考える水に近いので、この証拠によれば、数十億年前の火星の状態は、生命の存在を助けていたかもしれない。

火星の極冠は、あなたがいる見通しのきく場所から再びはっきり見えるようになり、南極では極冠が北極より小さく見えるので、この惑星の南半球は夏であるはずだ。北半球は太陽と逆の方向を向いているので冬になり、その結果、極地方はずっと暗いままの時期に突入する。温度が低下すると、大気中の二酸化炭素は凝結して(凝結は、気体が最初に液体の過程を経ずに直接固体になること[14])、極地方を覆う二酸化炭素の氷の塊になる。極冠の中には水の氷も大量に存在するが、普通、極冠は二酸化炭素の氷の層に覆われていて、それらを合わせると厚さが二キロメートルから三キロメートルの極冠になる。

もし、火星の水の氷が極地方の分も含めてすべて溶けたとしたら、その量は、この惑星を深さ一〇メートル近い海で覆うのに十分だろう。極地方の詳しい画像には、極風に浸食されてできた渦巻き形に近い奇妙な溝が氷の中にはっきりと見える。これはコリオリの力の見事な例だが、コリオリの力は、惑星の自転により空気の流れの向きを変える力で、同じ理由から、地球では高気圧と低気圧の周辺で空気が循環する。季節が変化し、春と夏がくると極地方は暖かくなり、氷が昇華して大気の中へ戻り、極地方からの風が起こる。

火星の地表に際立つ大きな地形はほかにもたくさんある。最も魅力的なのは、その地形を発見した探査機マリナー九号にちなんで名づけられたマリネリス峡谷(マリナーの谷)である。これは火星の巨大な渓谷で、長さ四〇〇〇キロメートルにわたって地表を走り、幅は一番広いところで二〇〇キロメートル、深さは七キロメートルである。アリゾナ州のグランドキャニオンのデータは、長さ四四六キロメートル、幅二九キロメートル、深さ二キロメートルなので、これと比較するとマリネリス峡谷がどれほど大きいかがわかる。

主な谷を下る亀裂や割れ目はたくさんあり、これらは典型的な(とはいえとても大きいが)リフトバレー(地溝帯)に分類される。このタイプの地形は太陽系では一般的だ。地球や金星にも似たような例があり、そこでは、線状の地形が高地や山脈の間を走るが、これはある種の地質学的な断層の結果である。この谷は、火星がその歴史の初期に冷やされたときに生じた地殻変動の結果と考えられる。その後、西のタルシス地帯の地殻が隆起して、浸食力がその力を発揮し始めるにつれて、亀裂が広がった。近づいてよく見ると、東側の何本かの溝は水の流れの浸食力で形成されたように見える。

タルシス地帯そのものは、三つの巨大な盾状火山（傾斜のなだらかなドーム型の火山）、アルシア山、パヴォニス山、アスクレウス山を擁する広大な火山性平原である。平原の端には、太陽系の中で最も高く標高二二キロメートルでそびえ立つ火山、オリンポス山がある。地球では最大の、差し渡し一六キロメートルの火山であるハワイ島のマウナ・ロアが小さく見える。この平原が作られたのは、下のマントルにスーパープルームと言われるホットスポット[15]があり、そこからは熱く高密度で大量のマグマが昇り、地殻を隆起させたためである。

火星にはそれぞれ分離したプレートがないことは、このマグマが行き場のないまま何十億年もにわたり堆積し、巨大な火山系を作り上げたことを意味している。残念なことに、ある程度の量のマグマはゆっくり冷えて固まるため、大噴火はなさそうである。タルシス平原にある三つの火山は、かつてはそれぞれ別の構造であると考えられていたが、今では一つの火山系と信じられ、この考えは、この地帯を取り囲む多くの地質学的特徴からも裏づけられている。

オリンポス山はまったく別の火山系だが、その大きさにもかかわらず、実際に地表から見たときの印象はきわめて薄い。この盾状火山の山腹は角度が五度にも満たないので、この印象的な地形のふもとに立ったとしても、実際にはそのことに気づかないかもしれない。地平線までの距離がたった三キロメートルしかなく、オリンポス山が山自体は見える範囲の地平線の先まで広がっているので、この火山の大きさも見事な眺めが見えない原因である。頂上に立ったとしても、地面はそこから緩やかに下っているので、眼下の地形の特徴には依然として気づかないかもしれない。

だが、山頂で見ることができるのは、雲だろう。山頂の高度での気圧は地表のわずか一〇パーセントだが、それでも、山頂の空気の流れは地形性上昇を起こすのに十分だ。普通、雲ができる過程は、地上にあり水蒸気をある程度含む空気が集まることから始まる。雲は、地表で熱せられると上昇して冷え、結局露点に達するとそれ以上水蒸気の状態を保持しておけなくなる。

この時点で空気は飽和状態になって、水は凝結して目に見える水滴になり、それが私たちが目にする雲である。地形性の上昇はこれとは少し異なり、空気を上昇させる地表の特徴で、たとえば、オリンポス山を渡る空気は上昇させられて冷え、山頂で雲ができる。この過程は地球の山でもしばしば見られ、突然、分厚い雲に包み込まれたことに気づいた登山者には真の危険となりうる。

オリンポス山の信じがたい大きさは、火星にテクトニック活動が存在しないという事実によるところが大きい。ホットスポットの上にある火口は同じ場所に留まり、溶岩が流出し続けるので、火山では、形成時から何十億年にもわたり、数え切れないほど何度も溶岩が流れて堆積し、大規模になった可能性が高い。残念ながら、山頂の大気密度があまりにも低すぎ、パラシュートで減速して降下することはできないので、着陸機がオリンポス山に降り立つことはまずなさそうである。

とはいえ、今後さらに複雑な着陸技術が導入されるかもしれず、二〇一二年のマーズ・サイエンス・ラボラトリー（ＭＳＬ）計画では、着陸機をロケットでホバリングするプラットフォームから巻き上げ機で下ろすことが実施された。だが、今のところは、火星軌道から撮られる画像やデータで満足しなければならず、幸い、これらの重力図製作技術を使えばまだ多くのことを学ぶことができる。

ＭＳＬ探査機から送信されてきた画像にはこの火山の山腹が信じられないほど細部まで写っていて、溶岩流によって作られた複雑な溝やチャネル、リッジが見える。地表の年齢は、クレーターの分布の研究から二百万年～一億年の間であると決定できるが、これは地質学的にはきわめて最近のことで、オリンポス山はまだ活火山ではあるがその活動はきわめて穏やかなことを示唆している。火山のカルデラは六つのクレーターが重なってできているが、クレーターは衝突によるものではなく、地表の崩壊でできたものである。

溶けたマグマが多数の火口から漏れるにしたがい、表面は支えを失い頂上部が崩れる。したがって、オリンポス山の頂上のカルデラは、一つひとつが一度の大爆発を示している。これと月のクレーター研究の際、月面の年代を概算するのと同じ方法で、カルデラを調べれば、最大のマグマだまりが月面の約三二キロメートル下に横たわっていることが決定できる。火星では、六つのカルデラがそれぞれ一〇〇万年を経ないうちに形成されたと考えられ、それはおそらく一億五〇〇〇万年から三億五〇〇〇万年前である。

火星全体には、タルシス平原からマリネリス峡谷まで地質学的活動の証拠がある。地表は大きな一枚のプレートのようで、このことから多くの表面地形の説明がつく。とはいえ、マリネリス峡谷は二枚のプレートがゆっくり離れていった結果できたのではないかという別の理論もある。地殻自体は厚さ約五〇キロメートルで、ほとんどはケイ酸塩岩に閉じ込められているケイ素と酸素からなるが、鉄、マグネシウム、カルシウム、カリウムも豊富にある。

地殻の奥深くには、この惑星のマントルと核という二つのゾーンが同心円状にある。分化というのは、火星や他の岩石惑星の内部に明確に区別できるゾーンを生み出す過程であり、これは、物質により振る舞いや性質が異なることから起こる。マントルは地殻の下にあり、今日見られるような火星の地質学的特徴の多くを作る原因となる場所である。その下には、鉄とニッケル、少量の硫黄からなり一部が溶けた状態の直径三五〇〇キロメートルと考えられる核がある。

しかし、火星で最も興味をかき立てるのは、人類が長期間にわたり居住できる潜在的可能性がなくなったわけではないということだ。現時点では、主に大気圧が低いことから人の命が維持できないことは明確だが、人工的な環境を利用してこのよその世界に人類が住む可能性をさらに広く研究すれば、それは実現できるかもしれない。火星大気を変える実験は真剣に検討されてきたが、この過程が技術的に可能となっても、その完成には数百万年とは言わないまでも数千年はかかるだろう。

もし仮に、火星に人類の入植地を築くことに成功したら、地球との通信と言えども、惑星間の距離が大きく離れていることにより、予想以上に問題が出るだろう。通信は電波経由なので、その伝播速度は秒速三〇万キロメートルの光速度だ。この速度だと、メッセージが惑星間空間を伝わるのに、地球と火星が最も接近しているときでちょうど三分間、最も離れているときで二二分間だ。地球と火星が太陽のそれぞれ反対側にあるときは、信号を中継するために地球からある程度離れた場所に通信衛星を配置しないと通信できない。

それでも、人類の前哨基地になりうる場所として火星を選ぶにあたっては話すべきことがまだたくさんある。一日の長さが地球とほぼ同じで、一年は約三二〇日だけ長く、季節は地球より長く続くものの大体同じである。多くの困難に直面するかもしれないが、内部で人間が生活できる人工的かつ自給自足的な環境を地表で使用すれば、それらは克服できるだろう。このような環境はすでに地球でテストされていて、「マーズ五〇〇」のような実験では、志願者が小規模の自給自足型のエコシステムに籠もり、それが身体や感情にどう影響するかが調べられた。これと同じような居住環境を火星に構築するのはまったく可能なので、そこから最初の居住者が開拓を行ない、人類の新たな社会を徐々に作り上げていけるだろう。

*

火星に前哨基地があれば、宇宙計画で太陽系遠方への探検ができるようにする際の素晴らしい拠点になるだろう。そこからは、巨大ガス惑星だけでなく小惑星帯へも行くことができるが、この小惑星帯が次の目的地だ。地球を飛び立ち太陽系外部へ行く途中、火星に着くまでに一億キロメートルを旅してきた。だが、小惑星帯の内側の境界に着くにはさらに一億キロメートルの距離がある。

最初の小惑星が発見される前の一七六六年、ドイツ人天文学者ヨハン・ティティウスは、惑星の太陽からの距離には数字のパターンが見られるという記述を残した。〇、三、六、一二、二四、四八、九六という数列[16]からスタートし、おのおのに四を足して一〇で割ると、〇・四、〇・七、一・〇、一・六、二・八、五・二、一〇という数列になる。最初に一見したところ、これらの数字にあまり意味はないように思われるが、これらを、天文単位で表わした惑星‐太陽間の平均距離（一AUは地球と太陽の平均距離である）、水星〇・三八AU、金星〇・七二AU、地球一・〇AU、火星一・五AU、木星五・二AU、土星九・五AUと比べると何か関係がありそうに見える。

一七六八年、もう一人のドイツ人天文学者のヨハン・ボーデが自著の中でこの数列に言及したが、これをティティウスの功績としなかったため、ボーデの法則として知られるようになった。この数列がさらに驚くべきものになったのは、一七八一年に天王星が発見され、太陽からの平均距離が一九・二AUであるとわかったときで、これは数列の次の数字である一九・六[17]にほぼ一致していた。

しかし、この数字を見直すと、数列に穴があるように見える。火星と太陽との平均距離は一・五AUで、木星と太陽との平均距離は五・二AUだが、ティティウス－ボーデの法則ではその間に二・八という数字がある。ティティウスは、火星と木星の間の軌道にもう一つ未発見の惑星があるのではないかという疑問も呈し、天王星の発見後の一八〇〇年には、フランツ・クサーヴァー・フォン・ツァハの率いる天文学者のチームがこれを求めて天空を捜索し始めた。彼らはめいめい、すべての惑星が通ると思われる道筋（黄道）に沿って天空の領域を一五度ずつ割り当てられた。

一八〇一年一月、ジョゼッペ・ピアッツィが、ボーデの法則で予測された、軌道上を移動する小さい天体を発見したと発表した。望遠鏡による観測では、それは彗星に似た高速で動く天体だったが、彗星を覆うぼやけたコマはなかったことから、これは本物の惑星だと信じられるようになった。この小さな天体は、高倍率で拡大してもディスクとしては見えなかったので、まわりの恒星との違いを示唆するものはその動きだけだった。この天体は、ローマ神話の収穫の女神にちなみケレスと名づけられ、わずか一年ほどのちの一八〇二年三月には二番目の天体が発表され、パラスと名づけられた。これらの天体は、ギリシャ語で「星のような」を意味する「アステロエイデス」からきた言葉「アステロイド」（小惑星）として知られるようになった。どちらも太陽からの平均距離はほとんど同じで、四億一四〇〇万キロメートル（二・七AU）だった。

新たな小惑星は、ボーデの法則の間隙をちょうど埋める軌道距離で太陽を回っているように見えたが、この法則が長期にわたり詳しく調べられた結果、この数列は実際には単に数字が一致しただけという結論になった。一八四六年には海王星が三〇・〇一AUの場所に発見され、この値がティティウス－ボーデの数字の三八・八と比較されると法則の信憑性は薄れ、本当の現象というより単なる偶然ではないかと思われるようになった。

さらに、ケレスとパラスは、火星と木星の間の太陽軌道を回る何百万という小惑星のうちの二つにすぎないことがわかった。小惑星の数は、直径が一〇〇キロメートル以上のものは約二〇〇個、直径が一キロメートル以上のものはほぼ七五万個、そして、もっと小さいかけらや塵状のものはおそらく数百万個あると概算されている。ケレスはすべての小惑星の中で最大で、直径が九五〇キロメートルあり、パラスは二番目に大きく、直径は約五五〇キロメートルである。これに三番目と四番目に大きいヴェスタとヒギエアの質量を足すと、この四つで小惑星帯全体の質量の半分になる。

この小惑星帯がどのように作られたかは、長年にわたり大議論のもとであり、それは、惑星が爆発したというものから、彗星が衝突して惑星が破壊されたというものまでさまざまだが、現在認められている理論はそれほど劇的ではない。すでに見てきたように、重力のもとで気体と塵の大きな雲が徐々に収縮し、太陽系が形成された。その中で、温度と圧力がきわめて高くなったために核融合が起きて太陽が生まれた。

若く熱い太陽のまわりには塵でできた降着円盤があるが、そこでは、ランダムな衝突がたくさん起きてその中の一部から固まりができる。衝突が続くと固まりの大きさも質量も増し、それらは重力的に他を支配するようになり始め、他の岩石の固まりを引き寄せていった。時が経つと、岩石でできた内惑星と気体でできた外惑星が形成されたが、それらの間にはもう一つ惑星がどうにか形成されようとしていた。だが、木星という巨大できわめて支配的な惑星の存在が、小惑星帯で太陽系初期の微小天体が成長することを妨げ、残った岩石は集団となって太陽の軌道を回り続けた。

太陽系が進化し、惑星の多くが最初の位置から徐々に内側に移動するにつれて、木星は小惑星帯にさらに強い重力を及ぼすようになり、それが加速を加えることにより、小惑星の軌道が変化した。ほとんどの場合、これは小惑星が木星と軌道共鳴した結果だった。軌道共鳴は太陽系では珍しい現象ではなく、二つあるいはそれ以上の天体が常に重力的相互作用を及ぼし合い、時の経過とともに両者が受ける影響が蓄積するときに軌道共鳴が生じる。

これを巧みに表わした比喩は、親が子供をぶらんこに乗せて押すことで、同じ力、同じペースで押し続ければ、ぶらんこはどんどん高く上がる。木星と小惑星帯の天体もこれと同じで、小惑星が木星のそばを回るたびに常に木星に引っ張られるということは、小惑星の速さ、したがって軌道を変化させるように作用し、木星の軌道と共鳴するようになる――たとえば、ある小惑星は、木星が軌道を一周するごとに二周するということである。これは、多くの場合不安定な状態で、その後の重力的相互作用により、結局再び軌道共鳴は崩れていく。

この影響を小惑星帯が木星から受けたことは、その全質量が初期の歴史の中で千分の一に減少した原因でもあった。現在観測される小惑星帯の内側の境界は太陽から二ＡＵほどしかなく、周回する天体は間もなく木星が一周するごとに四周するようになり、つまり木星との軌道共鳴が四対一である。

小惑星が常に引っ張られ続けてその影響が積み重なると、最後は小惑星帯の外に出て新たな軌道を回るようになる。

小惑星帯で、太陽から近すぎる場所をさまよう小惑星は、火星の重力による引力で排除されるが、火星の軌道で太陽から最も離れた点は約一・六七AUである。木星は小惑星帯中の小惑星を成長させないが、一方、火星と木星はともにそれらをコントロールしている。小惑星は、もし近づきすぎたり遠ざかりすぎたりしそうになれば、小惑星帯から出されるか元の場所に戻される。同じような過程が土星の周辺でも起き、そこでは、土星を回る小さい衛星が氷や塵の粒子を同じ場所に留めて見事な環を作っている。

太陽も、小惑星帯やその中の小惑星の変化に影響を与えてきた。初期のより活発な形成期には、若い太陽系の温度はもっと高く、いくつかの大きい小惑星は部分的に溶けていた[18]。それらが溶けていくと重い元素ほど沈み、軽い物質ほど上昇して天体の分化が起きた。そのいくつかでは、火山活動を起こして溶けた溶岩の巨大な湖が作られ、その後湖は、数百万年もかけて固化した可能性が高い。

小惑星が分布する領域のもう一方の端の、二・七AU以上離れた場所で形成された小惑星では、氷が蓄積されたかもしれないが、これは、太陽からそれだけ遠くなると水が十分凍るほど温度が低くなるためである。二〇〇六年、小惑星帯の一番外側で多くの彗星の核が発見されたことが報じられ[19]、これらの一部は地球の形成期に水の分子をもたらし、それが結局、地球の海の存在につながった可能性もあると考えられている。

小惑星帯の中にある小惑星は、その組成により三つのカテゴリーに大別される。内側の方の小惑星はケイ酸塩に富む傾向にあり、ケイ素と酸素の量がさまざまである特殊なタイプの岩石である。ケイ酸塩は内部太陽系ではありふれていて、地球の地殻の約七〇パーセントを占める。小惑星が形成されたときの原料だった原始惑星系円盤の物質は、部分的な溶解あるいは結晶化という地質学的過程で変化したが、ケイ酸塩の岩は一般にその結果できたものである。

この型の小惑星はS型小惑星と言われ、その多くには金属と炭素化合物の痕跡が残っていることがわかった。これらは小惑星帯の外側の境界あたりで見つかり、炭素系化合物が豊富であることが名前から窺われる炭素質小惑星とはきわめて対照的である。そちら（C型小惑星）はS型小惑星とは異なり、初期の太陽系の組成をはるかによく表わしていると考えられている。また、C型小惑星は小惑星帯の小惑星の優に七〇パーセント以上という高比率を占めていて量は豊富だが、反射率が低いため、きわめて見えにくい。

小惑星帯で普通に見つかる型の最後は、金属型あるいはM型で、その名から察せられるように鉄やニッケルのような金属に富む。数は他の二つの型と比べて少なく、小惑星帯中のすべての小惑星の一〇パーセントぐらいしかない。もとの物質は分化した小惑星の核で、核には重い金属元素が収まり、何らかの衝突の結果解放されたことがその組成から示唆される。さらに大きな小惑星の分化については、部分的に溶けた小惑星の溶岩は、急速に冷えるとほぼ玄武岩からなる地殻を形成するはずだということが理論上推測される。すると、小惑星帯中の玄武岩や玄武岩小惑星の量は、今日までに観察された量よりはるかに多いはずだということが暗に示される。

小惑星の組成がここまでよくわかると、それらの金属を採掘して地球に持ち帰るか、宇宙探査や入植地の構築および運営に使用するというわくわくするような可能性が出てくる。少なくとも理論上は、鉄、ニッケル、チタン、酸素、水素はすべて、小惑星帯の、あるいは実際には太陽系をさまようどの小惑星からも採掘可能である。

それらを、有限で減少しつつあり、二一〇〇年には尽きると予想されている地球の資源を補うために使用してよいかは倫理的なジレンマだし、巨額の財政的負担が生じる作業だが、それらを宇宙探査のために使用するという考えは、より多くの支持を得られそうである。だが、それは小惑星だけではない。ほとんど消滅しかかった多くの彗星の核は、近くを通過する宇宙船が酸素を採掘し、ロケット燃料や呼吸のための空気を作るのに使用できるかもしれないし、一方、小惑星から取れる重い金属は、宇宙で宇宙船を建造したり、破損を修理したりするのに使えるかもしれない。その可能性は無限である。

採掘すべき小惑星の選択は、物質の使用目的にかかわらず克服すべき最初の困難である。最初に考慮すべき事柄の一つは小惑星の位置と軌道要素だが、それは詰まるところ、行くのが簡単な小惑星とそうでもない小惑星があるからである。考慮事項は目的地の場所により異なるだろう。たとえば、この旅のように宇宙空間を旅行するときは、宇宙船の速度は高速である可能性が高いので、小惑星の速度にきちんと合わせられるように速度を修正するには、かなりの量の燃料が必要かもしれない。

しかし、地球から小惑星まで探索に向かうなら、最も燃料効率が良い方法の一つであるホーマン遷移軌道が確実に利用できるようにしなければならない。このタイプの旅ではロケットエンジンの点火が二度あるが、一度目は、宇宙船の速度を上げてかなりつぶれた楕円形の軌道に入り目的地に突入す

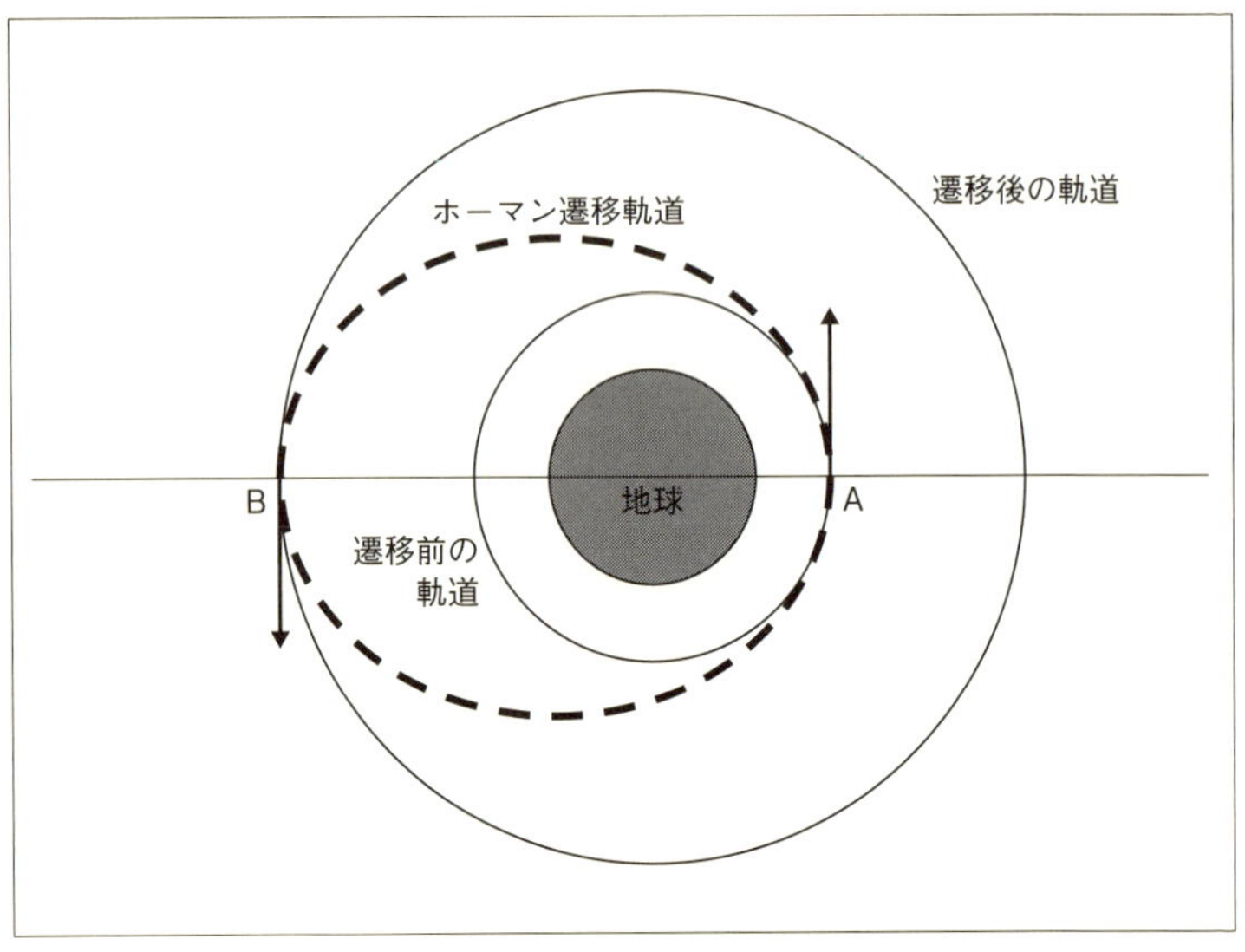

ホーマン遷移軌道
ロケットエンジンの点火は二度ある。一度目（A）は、宇宙船の速度を上げてつぶれた楕円形の軌道（これがホーマン遷移軌道）に入り目的地に突入するためで、もう一度（B）は、その遷移軌道を離れてから目的地の軌道に合わせるときで、その後引き続き太陽周回軌道を回って目的地へ向かう。

るためで、もう一度は、遷移軌道を離れてから引き続き太陽軌道を回り、目的地の軌道に合わせるときである。この過程は地球へ戻るときは逆になり、今度は、ロケットエンジンを逆方向に噴射して宇宙船を減速させる。最初はホーマン遷移軌道に戻り、そして再び地球軌道に入って地球に着くことになる。ホーマン遷移軌道はその概念がかなり理解しやすく、最初は一九二五年にドイツ人科学者のヴァルター・ホーマンによって論じられ、その名にちなみ名づけられた。

宇宙船の軌道計画がどれほど重要かは、二〇一四年にチュリュモフ－ゲラシメンコ彗星[20]に到達したロゼッタ計画で見事に示されたが、この時は一〇年間を費やして、太陽を周回する軌道を彗星の軌道に合わせるための軌道修正が注意深く行なわれた。しかし、多大な努力の価値はあり、それというのもこの探査機は、着陸をきわめて容易にするため、探査機と彗星の相対速度ができるだけ小さくなるよう彗星と同じ速度で太陽を周回したからである。

したがって、それが可能であることはわかっており、すでに見てきたすべての型の小惑星は、採掘できるものが何かしら存在する。C型の炭素質小惑星は水が豊富で生命の維持に使用でき、酸素分子と水素分子を分離してロケット燃料を供給することもできる。有機化合物もふんだんにあり、食料生産を助ける肥料を作るのにも使用できる。S型小惑星には水や有機化合物はほとんど含まれないが、鉄、ニッケル、それに金やプラチナという金属も豊富である。M型小惑星はごく少数だが採掘する価値はあり、それというのも、それらはS型小惑星の二〇倍も多く金属を含み、装置の修理や新たな宇宙船の建造のための立派な原料となるからである。

採掘すべき小惑星を決めてそこに行くのはそれとして、実際の採掘にはまったく別の困難がある。いろいろな方法がさまざまなSFでたくさん書かれてきた。映画の『エイリアン』では、採掘船ノストロモの乗組員が特別ミッションのあと、二〇〇〇万トン近い物質を地球に持ち帰った。実際には、小惑星帯からこのような運搬をするのは無理な話である。たとえ小惑星からできる限り資源を獲得し、全部地球へ持ち帰るつもりでも、せいぜい約一〇〇〇トンで、それでもまだ修正が必要だろう。小惑星採掘の実現性は映画とは少々異なる。

おそらく最大の困難は、小惑星には、宇宙船、装置、宇宙飛行士を表面に留めておけるほど大きな重力場がないことである。宇宙飛行士があたりを歩くか飛び跳ねることができる月とは違い、小惑星ではそうしようと思っても、宇宙空間に浮き出てしまう可能性の方が高そうだ。体が浮き上がらないようにするために何かに付着するには、フックか繋留ロープを使用しなければならない。このような練習の前段階として、ＮＡＳＡは宇宙飛行士の訓練を大西洋で行なってきたが、これは単にシミュレーションのためだけでなく、使用することになるかもしれない技術や道具のテストのためでもあった。

これだと非常に簡単に聞こえるかもしれないが、ヨーロッパ宇宙機関（ＥＳＡ）がフィラエ・ランダー[21]をロゼッタ探査機から降ろそうとしたときにそれがきわめて困難だとわかった。彗星の核に接触したあと、機体を表面に押しつけるように噴射し、ドリルのようなネジで機体を表面に固定させ、銛が表面に打ち込まれる予定であった。だが、ジェットも銛も働かず、たった一つの動作の誤りだけで、フィラエはほんのわずか地表に接触しただけで再び空間に浮上した。

ミッションのメンバーを地表に固定できるとすれば、いくつかの採掘方法が使えるかもしれない。多くの小惑星は、地表が瓦礫のようだと思われるので、地表の物質を削り取るには小型で単純なシャベルかフックが使われるかもしれない。Ｍ型小惑星のように金属含有率が高い小惑星は、金属の粉末や粒子で覆われていそうなので、表面で磁石を引きずり金属を採取できる可能性がある。だが、おそらく最も冒険的で困難な方法は、縦坑を掘って小惑星の深部から金属を採掘することだ。これは、工学や輸送という観点からだけでなく、金属を取るにはどこを掘削すればよいか正確に見極めるという点でも、技術的に最も複雑な作業である。

数百万もの小惑星から適切な小惑星を選択するのは簡単なことだと思うかもしれないが、最も大きい小惑星四つで小惑星帯全体の質量の半分近くを占めることを覚えていてほしい。ある小惑星の正確な質量を決定する方法は、太陽系の他の天体とまったく同じで、重力的相互作用を調べて行なう。最大の小惑星のケレスの場合、その重さは九垓四〇〇〇京キログラム（9.4×10^{20}kg）である。

　これはとても重いように聞こえるが、月の質量に匹敵させるにはケレスが二五個必要で、その月自体ももっと広い目で見ればきわめて小さい。ケレスは、大きさは直径一〇〇〇キロメートル弱で、質量が大きいことから静力学的平衡が成立し、憶えていると思うが、これは形がほぼ球形であるということだ（これは国際天文学連合（ＩＡＵ）が制定した惑星の定義の一つだとしても、ケレスはその軌道周辺で重力的に支配的にならなかったので、小惑星帯の他の天体が小惑星として分類されるとともに、公式には準惑星に分類された）。

　ケレスはこれまで見てきた惑星とは違い、分化していない点がユニークで、このことは、金属が岩石から分離する機会がなかったことを意味している〔分化している可能性も示されている〕。核は岩石からなると考えられ、氷のマントルに覆われていることが観測から示唆される。ケレスのマントルには、ほぼ四垓ガロン（4×10^{20}ガロン）の水の氷があることがスペクトル調査から決定され、これは、地球の三垓二六〇〇京ガロン（3.26×10^{20}ガロン）という概算値に匹敵する。

　しかし、この理論には問題がある。なぜかと言うと、ケレスの地表は岩石だが、氷のマントルを覆っているため重力で氷の中へ引き下ろされそうになるので、状態が不安定だからである。また、これにより地表に相当な量の塩が残るはずだが、これは今までのスペクトル調査で見つかっていない。ケレスにはきわめて薄い大気があると思われ、岩石の地表には氷の水が存在する証拠があるものの、大気圧が低いということは、水はすぐに昇華して気体になり宇宙空間へ逃れていくということだ。

二番目に発見され、直径の平均値が五四四キロメートルの小惑星パラスは、知られている中で二番目に大きい小惑星と一般に言われる。ヴェスタは直径の平均値が五二五キロメートルで、大きさはとても似ているが形が不規則なため、どちらの方が大きいかがしばしば議論されている。パラスは大きさではヴェスタをほんの少し上回るが、両者の質量を比較するとパラスの方が約三〇パーセント軽い[22]。その組成は、地球の地表で発見された炭素化合物の比率が高いいくつかの隕石に多少似ていて、ケイ酸塩岩が地表にきわめて集中していることがスペクトル調査から示唆される。

パラスの軌道は小惑星では珍しく、それというのも、地球軌道の離心率が〇・〇一でほぼ円形であるのと比べると、パラスのそれは離心率が〇・二三一で、非常につぶれた楕円形をしているからである（「離心率」は円の丸さの程度を表わす言葉であり、完全な円形の離心率はゼロで、楕円のつぶれ具合が大きくなると数字も大きくなる）。小惑星帯にあるほとんどの小惑星もほぼ円形の軌道だが、パラスのそれは、近日点の距離が三億一五〇〇万キロメートルなのに、遠日点の距離は五億一〇〇〇万キロメートルである。この数値を小惑星帯の中で主な集団をなす小惑星のそれと比較すると、パラスの軌道は、太陽から約三億九〇〇万キロメートル離れた小惑星帯の内側の端の地点から、小惑星帯の外側の端からさらに約二〇〇〇万キロメートル外にわたっている。

その軌道は、かなりつぶれた楕円形なのもさることながら、他の小惑星に比べ地球軌道面に対して傾いている。一般に、一つひとつの小惑星の軌道は、その傾きが最大でも三〇度以上にはならないが、パラスの軌道は三四度以上傾いている。パラスに特有のもう一つの性質は、自転軸の傾きが概算で約七〇度[23]ということである。これは、この小惑星が巨大惑星の天王星とちょうど同じような格好で太陽系を回っているということだ。

パラスは、ほとんどの小惑星と同じように不規則な形をしていて静水圧平衡を達成していないので、準惑星というよりは小惑星ということになる。太陽を回る小惑星が何百万もあることを考えると、小惑星帯を突き抜けて飛ぶのは危険に満ちた行為だと思うだろう。確かに、もしSF映画が本当なら、今まさに、「カルディィ」の航行を続けようと操縦に汗をかき、次々と起こりそうな衝突を回避するために小惑星をよけたりかわしたりしている。

ありがたいことに、実際は小惑星帯の航行にはハリウッド映画ほどの山あり谷ありの興奮はない。それでも幅が一億八〇〇〇万キロメートルある小惑星帯の横断は、相当神経がすり減る経験だし、この旅を終えるには一ヵ月ほどかかる。だが、そこに岩石が何百万個あろうとも、それは一兆平方キロメートルもの領域に広がっているので、破滅的な失敗を引き起こすほど深刻な衝突に見舞われる確率はごくわずかである。事実、あなたが「カルディィ」から直接小惑星のどれかを見ることすらなさそうだ。

大型の破片はよく研究されていて、軌道もよくわかっているが、ほかに、まだ発見されていないだけという大型の破片がある可能性も常にあり、その多くはかなり暗いので、空の暗闇で見分けるのは難しい。さらに、「カルディィ」と衝突するコースにある天体は、「カルディィ」との相対的な位置が動かず、視界の中で静止しているのでなお見分けにくくなるが（ゆっくりかもしれないが、視界の中で静止していることはない）、天体は接近するにつれてどんどん大きくなってくる。

また、一番小さい天体でも損傷を与えうることは覚えておく価値がある。スペースシャトルは、窓の外層にひび割れが入るような衝突のあとに窓を取り替える必要が一度ならずあった。調査すると、時速二万八〇〇〇キロメートル〔秒速約七・八キロメートル〕を超す速さで航行したため、塗装の小片による衝突で損傷が引き起こされただけということがわかった。この速さでは、最も小さい物体でも深刻な危険を与える。地球軌道は混雑しており、衝突防護戦略には多くの努力がなされてきた。

たとえば国際宇宙ステーション（ISS）は、大きさがビー玉ほどの約五〇万個の飛行物体から身を守るために、多層構造の外殻を使用している。外層はアルミ合金でできた最初の保護層だが、そこを突き抜けた衝突物はみな、エネルギーのほとんどを吸収するケブラーのような厚い繊維組織に当たり、内側のアルミ膜を突き抜けられなくなるくらい低速になる。

宇宙船の多層外殻は今日では一般的だが、もっと大きい障害物には特別の対処が必要で、多くの場合は障害物の進路からそれるということになる。衝突を避けるため、さらに大きな破壊的な岩石の正確な位置を追跡して、最終的に宇宙船の軌道に必要な変更を加えることは、レーダー技術を使用すれば可能である。ありがたいことに、「カルディ」のレーダーは二四時間休まず働き、運動する物体が脅威となるずっと前にそれを感知するだろう。

第6章

惑星のゴリアテ

木星

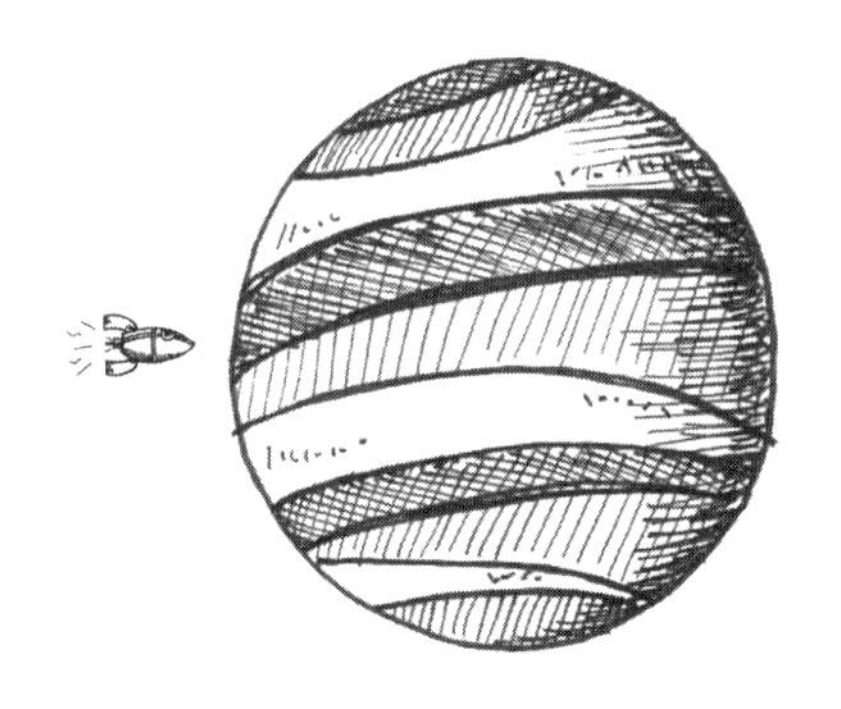

小惑星帯をあとにするとこの旅は新たな局面に入る。これまで訪れた太陽以外のすべての天体は、固い地殻があり地表で動き回ることのできる岩石天体で、それらはすべて地球型惑星というグループに属していた。小惑星帯の先は、木星、土星、天王星、海王星という巨大ガス惑星の支配する領域であり、今後注意を向けるべきはこれらの惑星である。

巨大ガス惑星の秘密を理解するのにたいへん役立ったのは、望遠鏡の発明だった。とりわけ、次の目的地の木星は興味深く、その大気や軌道周回する多くの衛星の性質は望遠鏡による研究で一部がわかっただけでなく、一六七六年には光速度の発見にもつながった。

光速度の発見は、海上で経度を測るための解決法を求めたことにさかのぼる。この問題を解くため、ガリレオは、自らが一七世紀はじめに発見した天体である木星の衛星の食の時刻を正確に測るというアイディアを提案した。この考えは、木星の衛星はみなその軌道をきわめて規則的に回っているという事実に基づいている。地球上の今いる場所を正確に特定するためにはその場所で正確な時刻を知ることがポイントで、木星の衛星の食現象は当時人間の作った時計より信頼が置けるはずだった。長年にわたる多くの食を予測し、正確な表を作って食を観測すれば、少なくとも原理的には時刻が計算できるだろう。それは見事なアイディアだったが、波に揺られる船の甲板に置いた望遠鏡で正確な観測を行なうのは、不可能ではないにせよ困難であるところに難があった。

数十年後、オーレ・レーマーという若いデンマーク人天文学者が、同僚と一緒にいくつかの食の正確な時刻を計測していたところ、かなり驚異的な発見をした。レーマーは一六七一年三月から一六七三年四月に一連の観測を行ない、その時、食が予測より遅く起きたことを明らかにした。彼は、時刻を記録する際に軌道上の木星と地球の位置を概算し、これにより、光が地球の公転軌道の直径を横断するのに約二二分かかると推測することができた。

その後数年間のさらに厳密な観測で、光速度の概算値はいっそう確実になった。一八〇九年、ジャン・バティスト・ドランブルは、光が地球と太陽との間の距離を進むのに八分一二秒かかることを算出し、ここから秒速三〇万キロメートル少々という光速度が計算できたが、これは、二九万九七九二キロメートルという今日の値と比較してもかなり見事な数値だった。地球まで六億三〇〇〇万キロメートル以上近づくことのない惑星を研究して光速度が導き出せたのは、信じがたいことだった。

地球の軌道要素がわかれば、木星が太陽を一周するのにかかる時間がわかり、そこからその軌道の大きさが決定できる。すべての惑星と同様、木星の軌道も楕円形だが、太陽までの平均距離は七億七八〇〇万キロメートルで、これは、太陽光が木星に着くのに四五分近くかかるということだ。地球が木星に最接近するときは、もう少し距離が短いので、木星の光が地球に着くには三七分間ほどかかる。これは、私たちは地球から三七分前の木星を見ており、本質的に時間をさかのぼっているということだ。

木星は〔太陽系〕最大の惑星で、その中には地球が一三二一個入るが、大きさはとてつもないのに巨大なガスの球であるという事実は、目に見える表面における重力による引力が地球の二倍ほどしかないことを意味する。その大きさを考えるとこの引力はかなり弱いように思えるが、太陽系中心部に向かって木星のそばを通り過ぎようとする小惑星や彗星にとっては十分強力だ。木星が太陽系中心部のボディーガードをいかに務めているかの見事な例は、一九九四年七月、シューメーカー - レヴィー第九彗星が最後は木星大気に突入してその一生を終えたときに明らかになった[1]。

シューメーカー・レヴィー第九彗星の軌道上の動きを振り返ると、この彗星が本当に木星のまわりを回っていて、おそらく二〇世紀後半の数十年間に太陽軌道から木星に捕捉されたことがはっきりした[2]。最後に太陽を軌道周回していたとき、この彗星は木星にほんの少しだけ接近しすぎて木星につかまり、その後二〇年間は、この巨大な惑星にますます近づくような離心率がきわめて大きい軌道に落ち着いていた。そして、木星の近くを通るごとにその重力に引っ張られ、引力が及ぶごとに潮汐力が増していった。

結局、彗星は一九九二年七月の最接近で、木星の雲の最上部から四万キロメートル上空に突入し、潮汐力により二一個の破片に分裂した。その後これらの破片は、一九九四年七月の六日間にわたり木星大気に飛び込むのが見られた。シューメーカー・レヴィー第九彗星の運命により、木星には「宇宙の掃除機」というニックネームがついた。木星の存在そのものが多くの小惑星や彗星を引きつけ、それにより私たちはほんの少しだけ安全になる。概算では、木星は一年間に地球の約五〇〇〇倍以上の衝突を受けているらしいことが窺われる。

木星はこうした岩石集団を引きつけているので、木星を回る衛星が六七個[3]確認されていることは驚きではない。ガリレオは、四〇〇年以上前、自分の望遠鏡をこの巨大惑星に向けたとき、そのうちの四つを発見したが、さらに高精度の望遠鏡が開発されると、最近の惑星探査機によるものは別にしても、衛星はたくさん発見された。衛星の中で最大級のイオ、エウロパ、ガニメデ、カリストは、木星のすべての衛星の質量の九九・九九七パーセントを占めるので、その大きさはかなり違うことがわかる。エウロパは四つの中では最小で、直径が三一〇〇キロメートルだが、その次の大きさのアマルテアは直径が約一六八キロメートルしかなく、それよりははるかに大きい。

木星の衛星は三つの主要なグループに分かれる。一番大きい四つの衛星の総称はガリレオ衛星で、メティス、アドラステア、アマルテア、テーベは内側のグループを占め、最後が不規則衛星である。[4] 不規則衛星という名称は、ここに属する天体の軌道の特性からつけられ、離心率の大きいほかの衛星と比較するとどれもかなり小さい。全部で五九個の衛星が属するこのグループは、ちょうどシューメーカー・レヴィー第九彗星と同じように、木星のそばに寄りすぎて捕捉された小惑星かもしれない[5]と考えられている。不規則衛星の多くは軌道の特徴が似ていて、その軌道周期、離心率、自転軸の傾きはほとんどそっくりなので、これらの小惑星は、かつては一つの天体だったものが衝突により破壊され、その結果、破片になって軌道に散乱した可能性がかなり高い。

これとは対照的に、内側の衛星は円軌道に近く、その名から察せられる通り離心率の大きい従兄弟たちより木星の近くを回っている。このグループのアマルテア以外の衛星は、惑星が形成される過程のように、木星の周囲で大きなディスクの物質が回転し、凝縮してできた可能性が高い。アマルテアは、不規則衛星と同じように捕捉された小惑星と考えられている。

ガリレオ衛星はこれよりはるかに大きく形も規則的で、地球からも、当然木星に接近中の「カルディ」からも簡単に見える。木星系付近を航行する際に時々窓の外を覗くと、小さくて見えにくい衛星も目に留まり、衛星の数がどんどん増え始めるだろう。それらはすべて、色合いがほんのわずか異なる小さい光のディスクに見えるが、この小さな異世界はなぜかあなたに安心感を与える。今はこの巨大ガス惑星の領域にいるが、足で踏める固い地面がまだあるからだ。

ガリレオ衛星は内側の衛星と同じように、木星が形成された初期段階に木星を取り囲んでいたディスクの物質から作られた。だが、その他の衛星とは異なりそれらは大きかったので、木星の集団の中で圧倒的な存在になった。四つのうちではイオが最も木星に近く、わずか四二万二〇〇〇キロメートルの距離で木星を回り、カリストは最も遠く、その距離は約一九〇〇万キロメートルである。

これらの衛星はその距離から、木星系が作られた初期段階ではまだ塵のディスクの中を回り続けていたはずだと考えられる。ガリレオ衛星は実際には多くの世代からなっていて、各世代はディスクの物質による抵抗で破壊されたとする理論がある。この破壊が起こると別の世代の衛星が塵から徐々に形成され、この過程は、ディスク内の物質が散らばり、もはや衛星に影響を与えなくなるまで続いた。

ガリレオ衛星は物理的には互いにきわめて異なっている。たとえば、イオには一〇〇近くも山があり（そのうちのいくつかはエヴェレスト山より高い）、概算で約四〇〇の活火山[6]がある、太陽系の中で地質学的に最も活発な天体である。その火山活動は、木星や他のガリレオ衛星がさまざまな方向から常にイオを引っ張り続ける潮汐力が、衛星の内部で潮汐加熱を引き起こすことが原因である。イオはわずか四二時間ほどで木星を軌道周回し、イオが軌道を二周する間に次の衛星のエウロパは軌道を一周し、イオが四周する間にガニメデは一周する。

この１：２：４という軌道共鳴は、潮汐加熱と、最大で約一〇〇キロメートルになる潮汐力による膨らみを作る原動力の一つである。イオの火山は、硫黄と二酸化硫黄の噴煙を希薄な大気中に高く吹き上げることも多く、その後噴煙は地表に降り積もり、真っ黒な縞になる。その結果生じる溶岩流と堆積物でこの衛星はカラフルになり、硫黄化合物が赤、黄色、黒、さらに緑色にもなって地表に散らばるため、宇宙のピザのようだ。

外部太陽系に存在する惑星の衛星は、普通はケイ酸塩と水の氷が豊富だが、きわめて珍しいことに、イオはケイ酸塩と鉄の岩石でできている。内部構造は、水星、金星、火星と同様、ボイジャーやガリレオのような探査機との重力相互作用から推測でき、その結果、イオは、鉄と硫黄の核、それを取り囲むケイ酸塩のマントル、地殻に分化した衛星であることがわかった。磁場の存在は、イオの地殻の下、深さ約五〇キロメートル付近にマグマの海があることを示唆しており、大規模な火山活動もこれで説明がつく。

火山の世界のイオとは対照的に、ガリレオ衛星で一番小さいエウロパは地殻が凍っていて、その下には液体の水の海があると考えられている。直径は三一〇〇キロメートルで、地球の月より少し小さい衛星だが、組成はきわめて異なっている。エウロパに近づくと、その表面の様子は太陽系の他のどのような衛星とも明らかに異なる。外見はほとんど大理石のようになめらかで、他の天体に見られるクレーターや山のような地形はなさそうだ。

明らかなのは、エウロパは太陽系で地表の反射率がきわめて高い天体の一つで、アルベドが〇・六四であるということだ（完全に真っ黒で光をまったく反射しない地表は、アルベドがゼロで、入射光をすべて反射する地表は、アルベドが一である）。地表には縦横に暗い線が走るのも見える。これらの地形はリネアとして知られ、高解像度の画像だと地殻に割れ目が見えるが、これは、線の片側の地表の物質が相対的に移動したためである。それ以外の縞では中央が明るく、このことから、この割れ目は地球の海嶺で見られるような過程で広がり、その際新しい物質が地表に隆起したのではないかと思われる。

この割れ目は、惑星の自転とともに潮汐が移動したときに衛星がゆがんでできたと考えられる。エウロパが木星の潮汐力に拘束されていて、そのためいつも同じ面が木星に向いているとすれば、割れ目の模様はかなり規則的であるという考えは理に適っている。これはまさに、新たにできた割れ目には当てはまるが、古くて地形がはっきりしない割れ目の場合、地殻は内部と異なる速さで回転していると仮定しないと説明がつかない相違があるように見える。この理論を支持するのは、エウロパ全体の地下に何らかの形で海が作られ、その上に地殻が「浮いている」という考えである。

エウロパの地表の温度は、赤道付近のマイナス一六〇度から極地方のマイナス二二〇度まで変化し、このような低温のため、地表は凍ったままである。内部潮汐加熱は地下層を溶かし、厚い氷でできた地殻の三〇キロメートル下に深さ約一〇〇キロメートルの海ができたのだろう。このような海があるさらなる証拠は、エウロパの上に見られる波型の模様に囲まれたいくつかの巨大クレーターにもあるが、これはまるで、衝突による熱が一時的に地表の氷の一部を溶かし、クレーター底を比較的新鮮な氷で満たしたかのようである。

地下に海があるという考えは、見知らぬ生命の可能性についても期待を持たせてくれる。地球の海底には、その深奥部から熱が漏れて吹き出す熱水噴出孔がある。このような孔は、たとえば、二枚の構造プレートが分化して海洋に新たな地殻が形成される地球の大西洋中央海嶺に沿って見られる。このような深い場所に太陽光は届かないが、ここにはエネルギー源を太陽光からではなく噴出孔から得る完全な生態系が存在することに、科学者たちは驚かされた。

エウロパの地下の深部は海底の噴出孔に似ていて、そこはまったく新たな生命体の故郷だということもありうる。これはもちろん推測で、現在のところ証拠はないが、可能性は十分ある。エウロパは地球より小さいにもかかわらず、氷と海に含まれる水の量は概算で地球上の海の約二倍である。したがってそこは、太陽系の旅で途中下車をしてストックの減った水を満杯にできる素晴らしい場所になる。

他の二つのガリレオ衛星、ガニメデとカリストは、すべての衛星の中でそれぞれ大きさが最大と二番目である。イオやエウロパと同様、ガニメデは木星の三衛星との軌道共鳴の一部になっていて、その軌道周期のパターンは１：２：４である。したがって、ガニメデも内部潮汐加熱を受けるし、地下には海もあるが、こちらは地表から二〇〇キロメートル近く深い場所にあるようだ。

ガニメデの地表は二種類の地形に分かれていると思われる。一つは衝突クレーターがちりばめられた暗い領域で、ここが太陽系で最も古い場所の一つで、四〇億年近く前の地表の一つであることが窺われる。もう一つはやや新しく、線や溝で覆われた明るい領域である。ガニメデに固有の特徴の一つは、太陽系の衛星で唯一磁場を持つことで、この磁場は液体核の中の対流で作られたと考えられている。この磁場は、木星によるはるかに大きい磁場の中に入り込んでいるので、単なる擾乱にしか見えない。

カリストはこれとは異なり、１：２：４の軌道共鳴の一部ではなく、他の三つの衛星に影響を及ぼさない。これは、カリストが内部潮汐加熱を受けず、内部構造がきわめて異なるということだ。核はケイ酸塩でできていて、まわりには岩石と氷が半々のマントルがあると考えられる。

内部潮汐加熱がなくケイ酸塩の核が不活発なため、カリストの地下に海はなさそうである。地表はおそらくガニメデと同じくらい古く、衝突クレーターがちりばめられている。そこでは霜が作られた証拠があり、氷が地表で再び凍る前にまず昇華している。カリストは木星からの軌道半径が一八〇万キロメートルで、他の衛星ほど多くの放射線を受けない。このためカリストは、将来、太陽系の遠方における人類の前哨基地のような場所になる可能性がある。

人類が太陽系中心部を探検するのは比較的簡単で、それは距離が比較的短いので、地球との往復がわずか数ヵ月程度ですむからだ。太陽系の遠方への旅は、特に地球に戻るときの計画がはるかに難しく、それは、距離が非常に遠く、戻る際は打上げのチャンスを長く待たなければならないためである。だが、燃料や物資の補給に使えそうな前哨基地が設営できれば、この旅もずっと現実味を帯びるかもしれない。

カリストは放射線量が低いだけでなく、地質的に安定した衛星で、水の蓄えも大量にある。ここは完璧な場所だ。木星の巨大な重力もあるので、宇宙船が離陸するときは、打上げ直後の惑星フライバイですぐにエネルギーをもらえる。ＮＡＳＡはすでにそのホープ計画（Human Outer Planets Exploration, HOPE）で、カリストをこの形で使うことを考えている。このような基地の設営の計画はまさに時間だけの問題だ。

あなたはカリストの最初の探検者なので、木星が空の同じ位置にい続けるのを見るという奇妙な経験も初めてすることになる。カリストは木星の潮汐力に縛られていて、軌道の一周に一六・七日かかるが、自転周期も一六・七日なので、木星は何時間、あるいは何日、何ヵ月経っても空の同じ場所に見える。木星が地球で見る満月の九倍の大きさで見えるのは、驚くべき光景のはずだ。その細部も信じがたいだろうが、イオの地表からだと、木星の大きさは地球から見る満月の三八倍で、天空の約一九度を覆うので、眺めははるかに感動的だろう。

*

ガリレオ衛星を全部通過すると、宇宙船の旅程は、この巨大な木星から約二五万キロメートルの近距離を通り越し、木星の環のすぐ外側へ行くことになる。土星はその見事な環がよく知られているが、木星も、見た目はおよそ土星には及ばないものの、やはり環を持っている。木星の環と土星の環は外見だけでなく組成も異なり、木星の環は氷ではなくほとんど塵だけで作られている。

それは主に四つの部分――内側のトーラス型のハロー、メイン・リング、外側の二つの環――からなっている。ハローは木星に一番近く、内側の境界は雲の最上部から約三万キロメートルの場所にあり、そこからさらに三万キロメートル広がるとメイン・リングの内側の境界になる。環の厚みは変化し、先端がまっすぐ木星の方に向いたくさび形に似ている。

ハローは、見る方向で見え方が変わることから、粒子の大きさは直径〇・〇一五ミリメートル以下であることが示唆されるが、環から多少離れた場所ではもっと小さい粒子も見つかっている。透明度の尺度となるハローの光学的深さを調べると、粒子の組成はメイン・リングと同じなので、粒子はメイン・リングから移動し、木星に向かってゆっくり漂っているらしいと推論できる。

メイン・リングは環の中で一番明るくて薄く、内側の境界はハローの外側に接し、外側の境界は六五〇〇キロメートル先に広がっている。この距離は内側の衛星グループのアドラステアの軌道と大体同じなので、アドラステアは明らかにメイン・リングの羊飼い衛星と言える[7]。羊飼い衛星の重力は、環の粒子に作用して粒子が軌道に留まるので、衛星は環の輪郭を明確に決めるポイントである。

遠くへ行こうとする粒子は羊飼い衛星に引かれ、減速してもとの環に戻るが、そうならなかった粒子は加速して環の外に出る。もし、光が照らす条件が良ければ、アドラステアの軌道のすぐ外にあるもっとかすかで細い環にも気づくかもしれない。もう一つの羊飼い衛星であるメティスも、メイン・リング中の境界内を回り、外側の境界からほんの一〇〇〇キロメートル内側にある環の間隙を進化させている。環の中に羊飼い衛星があると、衛星の軌道にいる環の粒子が排除されるのだ。

環の見え方は光の方向により変化する。環の輝き方は主に二種類あり、それらは後方散乱、前方散乱と言われる。後方散乱は光がくる方向への反射だが、光は、入射角と反射角が等しくなるという反射の法則に従わずに別々の方向へ散乱するため、単純な反射とは異なる。

つまり、光が後方散乱をするとき、反射の法則は当てはまらない。後方散乱で環が光るときは、観察者は環と光源、つまり太陽のほぼ間にいる。前方散乱は、太陽と観察者との間に環があるときに起きる。木星は地球より太陽から遠く離れているので、環は、「カルディ」のような宇宙船で訪れて前方散乱の光で見ないと観察できない。粒子のまわりで曲げられたり屈折したりして、光が環へ到達する前に、進んでいた方向で散乱するときに、前方散乱は生じる。

メイン・リング中の粒子は一〇〇〇年以上そこに留まることはなく、環から放出されるか、ハローの中をゆっくり漂い木星の上層大気へ入っていくと考えられる。環の粒子がゆっくり、しかし確実に去る原因は木星からの放射で、その結果、いわゆるポインティング－ロバートソン効果が生じる。この効果は太陽を回る塵の粒子にも見られるので、環の粒子に着眼するとその過程が理解できる。

粒子は前進するため、木星からの放出は少し前からくるように見える。放射が粒子に吸収されると、軌道運動とは逆方向に働く合力が生じる。すると速度が低下し、その結果、粒子はきわめてゆっくりらせんを描いて木星へ落ちていくので、環の中には限られた時間しかいない。この過程が環の中の一つひとつの粒子について、たとえば一〇〇〇年以内ならば、粒子はある程度補充されるはずである。新たな粒子が生まれる原因としては、木星を回るさまざまな衛星どうしの衝突（これは稀である）か、流星物質の衛星への衝突が可能性として挙げられる。

メイン・リングの先には、地理的には木星の環の大半を占め、幅は広いが見え方はかすかなゴッサマー・リングがある。このリングは、内側のアマルテア・ゴッサマー・リングと外側のテーベ・ゴッサマー・リングの二つの部分からなる。名前は両方とも、各環の外側の端と大体同じ場所を回る衛星（アマルテアとテーベ）の名称からつけられた。環の中の粒子はもとはアマルテアとテーベにあったが、流星物質が何らかの形で高速で衝突したことで放出され、メイン・リングの粒子と同様にポインティング－ロバートソン効果を起こし、らせんをゆっくりと描いて木星に落ちていく。

＊

木星の環は魅力的な研究対象だが、土星に行けばわかるように、太陽系の環の中ではそれほど印象的とは言いがたい。それに、木星一帯を旅していると、太陽系で最大のこの惑星の光景が圧倒的なので、衛星や環にずっと注意を向けているのは難しい。木星自体の大きさはしばし息をのむほどで、その特徴は近くで見るとさらにはっきりと際立つ。

この惑星が巨大な気体の球だということは、あまり知られていないようだ。私たちはみな、気体は見ることのできない物質で、地球の大気を作り、自分たちの存在そのものに必要なものと思い込んできた。そして気体は、スムーズに通り抜けられるものでもある。太陽系遠方の中で、およそ見えないものとはほど遠い巨大な球が気体であることに慣れるには、少々努力が必要だ。宇宙船はこうした巨大ガスをまっすぐ突き抜けられるはずだという考えは、理に適っていそうだが、実は決してそうではない。

宇宙の多くの大規模な現象と同様に、なぜ、巨大ガスを突き抜けて飛ぶことができないかを説明するには、重力に目を向けるとよい。宇宙の通常の事象のように、気体分子は重力により互いに引かれ合う。太陽系が形成されたとき太陽のまわりにできた原始惑星系円盤の気体は、多くが外側の縁に向かわざるを得なかった。この気体は何百万年にもわたり合体して局所的に凝縮し、外惑星になった。

時が経つとこれらの塊はさらに多くの気体を引きつけ、それらの成長とともに重力場も強力になり、気体をさらに圧縮させた。重力は中心から働くため、気体は、できるだけ幾何学的に効率的な形、すなわち球形をとるようになる。たとえ宇宙船が進路を変えて木星をまっすぐ突き抜けようとしても、大気中を下るにつれて圧力が増し、結局失敗に終わるだろう。

地球での経験を考えてみよう。地表に立つときは大気から圧力を受け、これは実質的に身体に一平方センチメートル当たり約一キログラムの圧力を受けるということだ。もし、太平洋のマリアナ海溝の最深部に降りていったら、この圧力は一〇〇〇倍以上に増して約一平方センチメートル当たり一トン以上になる。体はつぶれるだろう。気体の密度は水より低いとはいえ、木星の直径は地球の約一一倍なので、大気の奥深くに降りていけば、そこはおそらく一平方センチメートル当たり約三万六〇〇〇トンというとてつもない高圧になることは明らかだ。

このような圧力のもとにある気体は概算で約三万六〇〇〇度という高温で、太陽の表面よりも熱い。これほど極端な条件の下では気体の振る舞いはとても奇妙になる。木星をまっすぐ突き抜けて飛ぼうとすれば、最初は上層大気に当たるが、その後圧力が増して液体に変わり、核では固体になる。巨大ガス惑星を突き抜けられないのはこのような理由だ。内部構造が液体や固体でなくても、圧縮圧とすさまじい高温でミッションは終わるだろう。

それよりはるかに賢明なアプローチは、木星のそばを通ってその重力を軌道の変更に使うことだ。それでも、木星の上層大気の驚くべき姿はフロント席から細部まで眺められる。木星には大気があることがよく言及されるが、これがガス惑星なので少々混乱する。大気は普通、大気圧が地球の地表と大体同じ、すなわち一バールになる場所から始まると考えられる。すると、木星大気は厚さ約五〇〇〇キロメートルということになる。だが、ここに近づいたとしても、見えるのは惑星を覆う濃いアンモニアの雲だけで、惑星自体は、水素とヘリウムが太陽とほぼ同じ比率の大気の中に埋まっている。

ガリレオは、木星の軌道を回る衛星とともに、この惑星の縞模様と美しいハリケーンを観察した最初の人だった。雲は、ほぼ緯度ごとに分かれて赤道と並行に走るベルト（縞）とゾーン（帯）からできている。特徴は、ベルトの方が暗く、ゾーンはその間にあり明るい色をしている。ベルトとゾーンからの光を分光学的に調べると、ゾーンはベルトよりはるかに低温の上昇する気体で、大気へ高く上がるとアンモニアの氷の結晶を作り、その後、暗いベルトに降りていくことがわかった。

ベルトとゾーンでは、最大風速が時速三〇〇キロメートル以上の高速の風が吹き抜けるようである。ベルトとゾーンがなぜこのようにはっきりと分かれているかは不明だが、それらを動かしている高速のジェットは、明らかに太陽と内部加熱過程が生み出している。木星大気は雲がある場所はきわめて薄く、もっと安定した下の層を覆っているのか、あるいは大気は予想よりはるかに厚く、木星の下層部にある深い対流セルが見えている状態かもしれない。

大気状態は、数百年間変わらないほど安定しており、天文学者はそれらに名前をつけた。赤道付近は赤道帯（EZ）という「想像力に富む」名前で、北緯と南緯へそれぞれ七度にわたり、それを越すと、北赤道縞（NEB）と南赤道縞（SEB）がそれぞれ北緯と南緯の一八度まで広がっている。次に、北熱帯（NTrZ）と南熱帯（STrZ）が赤道からそれぞれ約五〇度付近まで広がり、それから、境界がややはっきりしない北温帯（NTB）、南温帯（STB）にあり、最後は極域（PZ）である。

ベルトやゾーンはかなり安定していると考えられてはいるが、目立つ特徴が一つ以上消失してしまうことも時にあった。最近起こったのは二〇〇九年の南赤道縞（SEB）の消失だったが、二〇一一年の初めにもとに戻った。ベルトの消失の理由は完全にはわかっていないが、この期間は消えたというよりは単に目立たなくなった可能性が高い。ベルトの上空高くではアンモニアの結晶の巻雲が作られ、この雲が消えるまで数ヵ月間ずっとベルトが視界から隠れていたのかもしれない。

ある程度の変化を示すのはベルトだけではない。形や大きさを変える多くの渦のように、本質的にもっと変化しやすい大気の特徴はほかにもある。それらは地球に見られるような渦とまったく同じで、低気圧と高気圧に分類され、違うのは回転方向だけである。低気圧は小さな暗い斑点になることがよくあり、ブラウン・オーバルという分類用語でしばしば表わされる。

回転方向は木星と同じだが、外見は楕円形以外もある繊細なフィラメント状の構造が、何ヵ所かの領域でよく見られ、そこは低気圧の動きを示すこともある。しかし、楕円形の斑点でもフィラメント状でも、それらは普通暗いベルトの中にだけ見られる。対照的に、高気圧は普通、白い楕円形となってゾーンの中にだけ見られ、継続時間はほんの数日間から一世紀にもわたる。高気圧は発生した緯度に留まる傾向にあるが、惑星面を動き回り、お互いどうしが出会うと合体する。

外見が他とは明らかに異なるよく知られた高気圧が一つあり、それは大赤斑（Great Red Spot, GRS）である。最初は、一八三一年にドイツ人天文学者のサミュエル・シュワーベの観察で発見され、木星のすべての高気圧と同じように反時計回り（左回り）で、約六地球日かけて回転する。大赤斑がきわめて印象的なのはその大きさで、東西は二万四〇〇〇キロメートルほど、南北は約一万三〇〇〇キロメートルにわたる。天文学的な基準では大きいように思えないかもしれないが、これは、地球の二倍の大きさの嵐であることを覚えておいてほしい。

しかし興味深いことに、それは縮んでいるようなのだ。約一〇〇年前、大赤斑の大きさは東西が四万キロメートル近くあり、現在のほぼ二倍だったので、この比率で行くと、最後は円形になり消失するかもしれない。とはいえ、二一世紀初頭の研究ではこれとは逆に、まわりの大気現象との相互作用により完全に消えることはなさそうだとのことだ。その研究では嵐の中の雲の観測に焦点が当てられていた。大赤斑のある場所は縮小の兆候を示していたものの、雲の速度に変化の兆しはなかった。

このことは、一〇年間の研究の開始と終了の時点で、嵐は同じくらい活動的だったことを示唆している。大赤斑周辺の環境は、大赤斑の進化以上に形や大きさと関連があるのかもしれない。それが二世紀近くどうやって存続したかは、木星の大いなる謎の一つだが、大赤斑は南赤道縞（ＳＥＢ）に留まり、そこでもっと小さい渦のような擾乱を飲み込み、暖かい空気を中に引き込んだのでエネルギーを得て、寿命が伸びたのかもしれない。

この大赤斑は、木星の他のほとんどの雲の大気よりずっと低温であることが赤外線望遠鏡による研究でわかったので、[8]大赤斑はこの領域で見られる他の雲より、おそらく一〇キロメートルくらい高くまで広がっていることが窺われる。この研究では、大赤斑の南には東へ吹きつけるジェット気流があり、北の方ではもっと強力なジェット気流が西へ吹いて、それで大赤斑が南緯約二二度付近に留まっていることも示された。

風速は大赤斑の境界付近で変化するが、最速記録は時速六〇〇キロメートルほどで、地球のカテゴリー5のスーパーハリケーンよりはるかに速い。大赤斑周辺は風が強そうだが、地球の同じような高気圧のように、「嵐の眼」である中心部は無風かそれに近いのかもしれない。そこは大気の下部から暖かい空気を引き込むため、周辺の大気より高温であることが遠赤外線による嵐の眼の観測で示された。

大赤斑の外見は、薄いピンク色から濃いサーモン色までかなり変化するが、なぜこのような色になるかはまだわかっていない。大赤斑は見えないこともあるが、この時、大赤斑が存在するという唯一の手がかりは南赤道縞（ＳＥＢ）の一部である塊だった。その根拠は、硫黄のような有機化合物の存在かもしれないが、おそらく温度と何らかの関わりがあるように思われる。大赤斑の中心は、普通、周辺部より濃い赤色で、これには何らかの形で温度が影響している。わかっているのは、それが南半球赤道縞の見え方と関係していることで、南赤道縞（ＳＥＢ）が明るいか白いときは大赤斑は一番暗いが、南赤道縞（ＳＥＢ）が暗くなると斑点は明るくなったり消えるときがある。

もう一つ、オーバルＢＡ、あるいはもっと親しみを込めて小赤斑と言われる小さい嵐がある。これも南半球だが、南半球温帯の少し南で見られる。この嵐の周辺の風速は時速六一八キロメートルにも達し、大赤斑周辺に匹敵する。一九九六年四月には、サイクロン「オリヴィア」がオーストラリアのバロー島を襲い、その突風は時速四〇七キロメートルを記録した。この突風と木星の嵐の周辺で吹き続ける風速を比較すると、木星の嵐がいかに暴力的かがわかるだろう。

地球を飛行機で飛ぶとき、パイロットは、巨大な嵐を避けるためにできることは何でもするが、それはご存じの通り、旅行者にとり嵐はきわめて不愉快なものだからだ。大きい飛行機の方が安定することは明らかだが、宇宙船でも大赤斑は深刻な脅威になる。高度を低めにして飛ぼうとすれば、嵐の接近時に最初に遭遇するのは乱気流で、最初は小さな塊に衝突するようなものだが、飛行を続けるとそれははるかに深刻になる。

外側の境界に近づくと、左から右のベクトル成分が強い追い風が勢いを増して時速六〇〇キロメートルほどになる。この嵐を外から観察する人には、あなたは風に運ばれて急に加速するように見え、この段階では風速により脱出できなくなり、飛行中止がほぼ不可能になる。

大赤斑の中に押し込まれるときわめて強い下降気流に当たり、あなたは否応なしに高速で落ちていく。これは、地上付近の嵐の中を飛ぶ飛行機が直面する危険の一つである。ありがたいことに、高度が高いときは回復のための時間的余裕がたっぷりあるが、地上付近で下降気流に遭遇すると、結果は往々にして「地面への接触が早い」、つまり衝突する。

下降気流の中で再び操縦可能になったとしても、ウィンドシア（風向・風速の急激な変化）が、おそらく次の一番危険な困難である。ウィンドシアは垂直にも水平にもさまざまに吹く風で、変化が大きくなるほどウィンドシアも強くなる。大赤斑の外側では下降気流に出会ったばかりだが、暖かい空気を下から引き上げるのが、嵐の中心柱を突き抜ける上昇気流である。[9] 荒々しい下降気流から、同じくらい強力だがおそらくもっとたちの悪い上昇気流の中に入るのは、飛行中で最も危険なことだ。ここでは機体の破損のリスクもある。「カルディ」はばらばらになるかもしれず、だからこそ、この旅は仮定に留めておかなければならない。

大赤斑の数千キロメートル上空の安全な場所を通過すれば、そこには静かな美しさがあることに気づくだろう。うっとりするような雲の帯や木星大気の下には、これまで出会ったことのないような異質な世界がある。木星大気を降りていくと四つの領域に分かれていて、それぞれに地球の大気圏と同じような、外気圏、熱圏、成層圏、対流圏という名前がついている。すべての惑星大気と同様、大気圏の終わりと宇宙の始まりにはっきりした境界はなく、大気中の気体濃度がかろうじて存在する状態から、気体がほとんどないがゼロでもない惑星間空間へとほんの少しずつ変わっていく。

木星の熱圏ではオーロラの活動と大気光が観測されてきた。オーロラはお馴染みの現象で、地球を発った直後には地球大気で見えたが、大気光は、地球上から見えることもあるものの、新たな概念である。それは太陽光の入射により生じ、大気中の分子からはぎ取られた電子がその後再び原子核につこうとするとき、ごく小さな光を放って気体を光らせる。

大気中を下降し続けていくと、温度が予測と異なるかもしれない。実際、下へ行くにつれて温度はゆっくり上昇せず、逆に冷たくなる。これは、大気の最上部の薄い気体が太陽放射を容易に吸収し、温度が一〇〇〇度にも上昇するからである。だが、もし宇宙船の外に飛び出したら寒く感じるはずで、それは、原子どうしがとても離れているので熱伝達が存在しないからである。

高度が約三二〇キロメートルになると成層圏の最上部で、この地点で温度の下降が止まり、高度約五〇キロメートルの対流圏界面まで比較的一定の一〇〇度に保たれる。宇宙船の下降を続けると、対流圏では、帯、雲、嵐の大半が見られ、温度は再び徐々に上がり始め、「地表」で約四〇〇度に達する。

木星の雲は地球から見えるが、おそらく太陽系で見られる雲の中で最も複雑なはずだ。対流圏の上層部では、雲はほぼアンモニアの氷と硫化アンモニウムでできている。その下には水の雲があり、大気の状態に大きな影響を与えているのはこの雲の存在である。ある値の大気圧の中で、水を液体から水蒸気に変えるには、アンモニア以上に多くのエネルギーが必要で、水の量が増えるにつれて大気中を出入りするエネルギーも大きくなる。

　対流圏の一番下は圧力も温度もとても高く、さらに下では、水素とヘリウムが完全に混ざり合い、間で固相にならずに気体から液体になる。ここは超臨界流体と言われ、下降するにつれて密度が濃く高温になる。この状態は木星の核まで続いていると考えられ、知られているように、核は固体の金属になるほど高密度かもしれない。超臨界流体層は、対流により金属水素の核と混ざり合っているかもしれず、これが対流により木星内部に再分布している可能性もある。だが今のところは、その正確な性質はいくぶん謎のままである。

　木星大気については、雲の中で生命が進化してきたかもしれないという興味深い話がいくつか書かれてきた。大気圧は、高度が上がるほど低くなるので、どのような生物も大気の上層部でしか生存できない。これは、生物は常に浮いていなければならないということなので、やや無理のある考えのようだ。たとえ、生物が何らかの方法で浮き上がれたとしても、とてつもなく強力な太陽放射に耐えなければならない。浮遊を可能にするには、当然、快適で、安定し、あたかもそよ風に乗るような無風に近い大気の存在が前提となる。だが、すでに見てきたように、木星大気の状態はこれとはおよそ異なり、ジェット気流、渦、垂直方向に吹き荒れる風が生命体を簡単に吸い込み、それらを押しつぶす圧力の中に送る。もし、生物が生き延びられたとしても、そこは圧力と温度がきわめて高いので、生存しにくい環境だろう。

　しかし、太陽系のどこか他の場所で発見されるかもしれないという望みが多少ある、固くて小さい微生物が一つ存在する。それはクマムシと言われる、成体でも〇・五ミリメートルしかない生物だ。

この頑丈で小さな生き物は、マリアナ海溝の海底の圧力の約一〇倍にもなる、一平方センチメートル当たり一〇トン[10]の圧力の中でも生きられるため、明らかに木星大気の下層部でも生存する能力があるが、一平方センチメートル当たり七〇トン[11]の金属状液体水素の中で生存できるほど強力ではないことが研究で示された。

クマムシは、大した能力を持たない私たち人間と比較して、数百度以上の温度にも非常に強い放射線にも耐えられる。真空の宇宙でも、約一〇年間食料も水もなくても生きていられる。この生き物は強靱なのだ。だが、その彼らも木星大気中では生存できそうにない。生命が進化できる可能性が唯一あるのは、いくつかの衛星の地下の海の中のようである。

*

宇宙船は木星に最接近する時点でフライバイを行ない、木星と軌道速度の一部を交換して弾みをつける。だが、ここにきて、フライバイをした宇宙船は「カルディ」が最初ではないと思うと、驚きだ。太陽系の遠方を訪れた最初の宇宙船はパイオニア一〇号で、パイオニア一一号、ボイジャー一号、二号がこれに続いた。パイオニア一〇号は一九七二年三月三日にフロリダ州ケープカナベラルから打ち上げられた。そして、翌年二月に小惑星帯を渡った最初の宇宙船になったが、損傷はまったく受けなかった。一九七三年一一月一六日、最初に木星磁場に到達したときには、この磁場が実際には地球と逆だったという驚くべき発見をした。

木星や地球のような惑星の磁場は、ちょうど学校で使われる棒磁石と同じように、N極とS極の二つの磁極がある。地球は実際には木星より特殊で、それというのも、N極は地理的な南極の下に存在するのに、磁場のS極は北半球にあるからだ。コンパスの「北」の針が北を指すのはこのためで、なぜなら、「北」はS極に引きつけられるからだ。磁場が逆になれば、「北」の針は別の方向を指すはずで、コンパスは全部作り直さなければならなくなる。

木星は、地理的に予想される極に磁場の極があるが、惑星磁場が逆になるのは珍しいことではない。金属を含む岩の磁性を調べれば、過去の磁気反転も調査できる。地球には、その歴史の中で何回も磁気反転があった。最後の大きな反転は七八万年前に起こり、この時は磁場の強さがわずか五パーセントほどまで落ち込んだ。

パイオニア一〇号はこの大いなる木星の近くに延べ六〇日間留まり、惑星磁場を調査して新たな衛星や大気の特徴について多くの発見をしたあと、結局さらに飛行を続けた。その道は今回の旅とは違い、ほかの巨大惑星からも離れて太陽系の外に出るというものだった。秒速約一二キロメートル（ほとんどの民間ジェット機は秒速約〇・二キロメートルである）の飛行速度だと、地球の直径はわずか一七分半で飛ぶことができる。

これはとても感動的に聞こえるが、パイオニア一〇号が目指している恒星間の距離は気が遠くなるほど遠い。パイオニア一〇号は今、おうし座のアルデバランという、六五光年彼方の赤く輝く恒星に向かって飛んでいる（もちろんこれは、地球から見るアルデバランは六五年前の姿だということだ）。今の速さで飛べば、そこへ着くには二〇〇万年かかる。

だが、今回の旅ではるかに大事な行き先は、外惑星だ。木星との遭遇は終わり、今はさらに約五億キロメートル何もない惑星間空間を長期にわたり旅する途中である。それには今の速度だと一年ちょっとかかるだろう。惑星間空間の旅が気弱な人には向かないことは明らかだが、太陽系の宝石である美しく謎めいた土星を直接見られる旅は、きわめて価値があるはずだ。

第７章

太陽系の宝石

土星

地球を発ってから今や四年ほどたち、あなたはもちろん、家庭料理、熱く心地よいシャワー、ポットに入った熱い紅茶や一杯のビール、新鮮な空気といった故郷に残してきた快適なもののことを何度も考えたはずだ。食事の時間は宇宙探査では抜き差しならぬほど重要で、それというのも、食事は心身両方に潤いをもたらす日々お馴染みの事柄だからである。もちろん、きちんと働くためにも飲食が必要なことは誰もがわかっており、この目的に重要な要素は二つ、すなわち、栄養価とカロリーである。後者は飲食物からとるエネルギーで、活動には十分なカロリーが必要だが、もし、食物の栄養が不十分なら、仕事にも差し障るし、能力全般、ひいてはこの旅のような長旅や健康にも影響する。

人体に良く必要な栄養をすべてまかなえる食物をとることも一つだが、その他にも、意欲を高めるには食物もそれなりに美味しくなければならない。許容範囲のもとを正せば、これまで何を食べてきたかの経験であり、それはひとえに私たちの感覚との関わりである。味、食感、香り、見た目はすべて栄養やカロリーとほぼ匹敵するほど重要だ。

したがって、あなたのような宇宙旅行者にとり、宇宙船に籠もる生活は辛いものであったとしても、いつも食べる食物の質は何としても確保しなければならない。国際宇宙ステーション（ISS）の船内では、出来合いでない食品が使用される機会はほとんどなく、保存可能期間が一年半あれば目的には適った。残念なことに、この方法だと大量の廃棄物が出され、スペースシャトル計画の多くで廃棄物の八〇～九〇パーセントが食品のパッケージだったことが報告されている。補充品を届ける定期便があれば、宇宙船が地球へゴミを持ち帰ってしかるべき始末をするので、問題ないが、この旅のような長期間の宇宙飛行ではゴミは最小限に留めなければならない。

事実、太陽系めぐりのこの旅は完遂に五〇年近くかかるので、あなたを十分養えるだけの出来合いの食品や乾燥食品を積み込むのは不可能である。保存可能期間はこれほど長くはできそうにないし、食品とその廃棄物がたまっていけば、それは「カルディ」にはあまりに重すぎる。一九七〇年代に月へ行ったアポロ計画では、一日一人当たりの食品が一・一キログラムまで許された。したがって、たった一人でもその人を五〇年間の旅の間養うには、出来合いの食品が二〇トン必要で、これは標準的なファミリーカー一〇台分の重さとほぼ等しい。

長期間の宇宙探査は、食物の生産と生育を可能にする何らかのシステムがあって初めて成立することは明らかだ。このようなシステムに踏み込んだ研究はすでにあり、現在のところ最も期待が持てるのは水耕法である。この方式は、植物を育てるのに土を使わず、栄養を溶かした溶液に依存する。利点は多く、とりわけ最も大きいのは、システムの中に水が保持されているため水やりが不要で、養分の量が溶液で完璧に管理でき、栽培がはるかに効率的にできるということだ。

「カルディ」には、コンピューター制御され完璧に働く水耕システムが搭載されているので、打上げ以降かなりいろいろな果物、野菜、ハーブがあなたに提供されてきたし、それは旅の間続くはずだ。食品に肉を含めるにはある種の農場を搭載するしかないが、これは明らかな理由によりまったく非現実的だ。したがって、「カルディ」の旅はヴェジタリアンの食事でよしとしなければならず、必要な栄養は何であれサプリメントで追加することになる。

このことは、すでに述べられた、味、食感、香り、見た目の大切さという必要事項を完全には満たしていないが、忘れてほしくないのは、私たちがこのミッションにあなたを選んだのは、あなたが夕フな人間だからだということだ。調理は、地球にいたときとまったく同じようにできることは間違いない。船内には人工的な重力があるため、電子レンジのような従来の電気製品はこれまでと同じように使えるが、電気やガスのオーブンは火災のリスクを高め、宇宙船で起こってほしくない一つの事柄が火災なので、それらは避けなければならない。船内にはもちろん煙感知器があるが、まずは、作動させずにすむに越したことはない。

水も蛇口から簡単に出てくるが、一人の人間に五〇年間水を十分供給するということは、二二〇トンの水をタンクで運ぶということで、この補給法は明らかに効率的でない。幸い宇宙船には水のリサイクルシステムがある。生きて呼吸するすべての生物は水を飲み、その後息を吐き、発汗し、排尿することで体内の水を入れ替える。

この水はすべて、「カルディ」に備えられているようなリサイクルシステムで集めて浄化して不純物を取り除くことができるので、いつも新鮮な飲料水がある。水は一滴も無駄にされない。満タンにする必要はなく、もし必要なら、太陽系には水を補充できる場所が、火星の極冠、月のクレーターの深部、巨大ガス惑星の内部、外惑星の多くの氷でできた衛星、彗星にもたくさんある。「カルディ」に十分な水が積まれれば、もちろん、日々の贅沢品の一つであるコーヒーをたっぷり飲むことができる。

つい最近、スープをすすり、ニンジン、フェンネル〔ウイキョウ〕、ブロッコリーの炒め物を作って食べたとき、この長いこと目にしてきたぱっとしない食卓をにらみつけたのは何度目だったろう。古き良き恒星間宇宙船「エンタープライズ」が、乗組員の長旅の単調さを紛らわすためにホロデッキを備えていた理由はよくわかる。[1]

残念ながら、ホロデッキの技術は私たちにはやや高嶺の花だが、デジタルデータの保存容量が増えたおかげで、大量のストックのあるライブラリーからお気に入りのテレビ番組や映画を選び、大きなプラズマ画面とサラウンド音響で見ることができる。音楽もたくさん聴けるし、毎日の出来事についていけるよう、地球の人々が音声によるニュースを定期的に送ってくれる。

木星と土星の間はこれまでで最長の旅程なので、あなたは最近、ライブラリーにややのめり込みすぎているが、先にはもっと長い区間がある。「空（そら）」は地球で憶えている一番暗かった夜よりも暗く、星々はかつてないほど明るく、木星はどんどん小さくなるが、代わりに土星が少しずつ大きくなっている。土星の形は、近づくにつれ見た目が少しずつ楕円形になってくるが、それはもともと地球から望遠鏡で見てきた姿だ。最後は環が完全に姿を現わして輝くようになるが、衛星はまだ見分けられない。

土星は太陽系で二番目に大きい惑星で、直径は赤道方向で一二万キロメートル、極方向で一〇万八〇〇〇キロメートルである。土星は一〇時間三三分で自転しているが（これは、自転の平均速度が九時間五五分の木星より約三九分遅い）、極付近は赤道より回転が遅い[2]ので、緯度により速度が大きく異なる。

自転速度が速いということは赤道が膨らむということで、外見がつぶれた球のようになる。これは他のほとんどの惑星でも共通だが、つぶれ方は土星が一番大きい。土星には、そのとてつもない大きさにかかわらず驚くべきことが一つある。もし大量の水があり、その中に土星を入れたら浮いてしまうくらい平均密度が低いということだ。土星には岩石の核があると思われるが、平均密度を水の三〇パーセント以下に下げているのは、まわりに広がる大気である。

太陽系の中心から六番目の惑星、土星に着くと、太陽は非常に明るい恒星にしか見えない。太陽は今や一四億キロメートルの彼方にあり、これは太陽から地球までの距離の九・五倍だ。太陽光が土星に届くには七九分かかり、その光が土星から地球へ反射されるには七一分かかる。ここで一つ気がつくのは、地球とのコミュニケーションがさらに困難になるということだ。

電波は光速度で宇宙を伝わるが、地球に送るメッセージは、惑星間通話で「ハロー」と言っただけでも到着に七一分かかるし、返事がすぐに返されたとしても、「ハロー」という応答を聞くまでにほぼ二時間半かかる。そして、遠くへ行くほど信号も弱くなるので、孤独感は日に日に強まっていく。だが、土星のような惑星に近づけば、このようなことはしばし簡単に忘れられる。こういう光景を最初に見た人類になることは、驚異的で感動的な経験になる。アポロ八号の宇宙飛行士たちが、地球の軌道を離れて月を周回した最初の人類になったとき、何を感じたかを想像するのは簡単だ。この見知らぬ世界を初めて訪れ、土星とその美しい環を最初に二つの目で見つめる……この感覚を言葉だけで表わすことはできないだろう。

土星を地球から望遠鏡で見たときに環が大きく見えたこと、環の縁の先に土星の最大の衛星であるタイタンの小さな光が見えたことは、記憶にあるかもしれない。今では、土星の軌道を回る大小さまざまの衛星は公式には六二個確認されているが、そのいくつかは直径が数キロメートルしかない。だが、「タイタン[3]」とは良く言ったもので、惑星の水星よりも大きい。衛星はみな、その軌道特性に基づき、環の羊飼い衛星から共通軌道衛星、環の微小衛星から外側にあるもっと大きな衛星まで一〇グループに分かれている。

環の小衛星と環の羊飼い衛星は、その名から察せられるように土星の環付近を回っている。小衛星は、環に与える影響が羊飼い衛星とは異なる。羊飼い衛星は、非常にはっきりした隙間を環に作り、その一つがエンケの間隙だが、小衛星の作る隙間は部分的である。共通軌道衛星はほぼ同じ軌道を共有し、ともに重力的相互作用を及ぼす。実際には共通軌道衛星は二つしかなく、大きい方がヤヌス、やや小さい方がエピメテウスで、それぞれ、土星からの軌道距離は一五万一四六〇キロメートルと一五万一四一〇キロメートルである。

もう一つのグループは、〝内側の巨大衛星〟という想像力をかきたてる名前である。ここには、ミマス、エンケラドゥス、テティス、ディオネが含まれ、どれも、いわゆる土星のE環（このような環は今後さらに登場する）の中を回っている。ミマスとエンケラドゥスの間を回るのは、アルキオニデスという別のグループに分類される三つの衛星である。そのほかに、主として小さい不規則な形の衛星を含む四つのグループがある。

残りの二グループには興味深い特徴がある。トロヤ群衛星は、土星や他の二つの衛星と軌道が関連するため、土星に特有の衛星である。トロヤ群衛星は四つあり、テレストとカリプソは内側の巨大衛星のテティスとともに系を作り、ヘレネとポリデウケスはディオネと関わりがある。トロヤ群衛星を土星の他の小さな衛星から区別しているのは、それらの土星との重力的なつながりである。

一つの天体がもう一つを回る軌道体系では、三つ目の天体が重力の影響だけを受けて二つの天体と

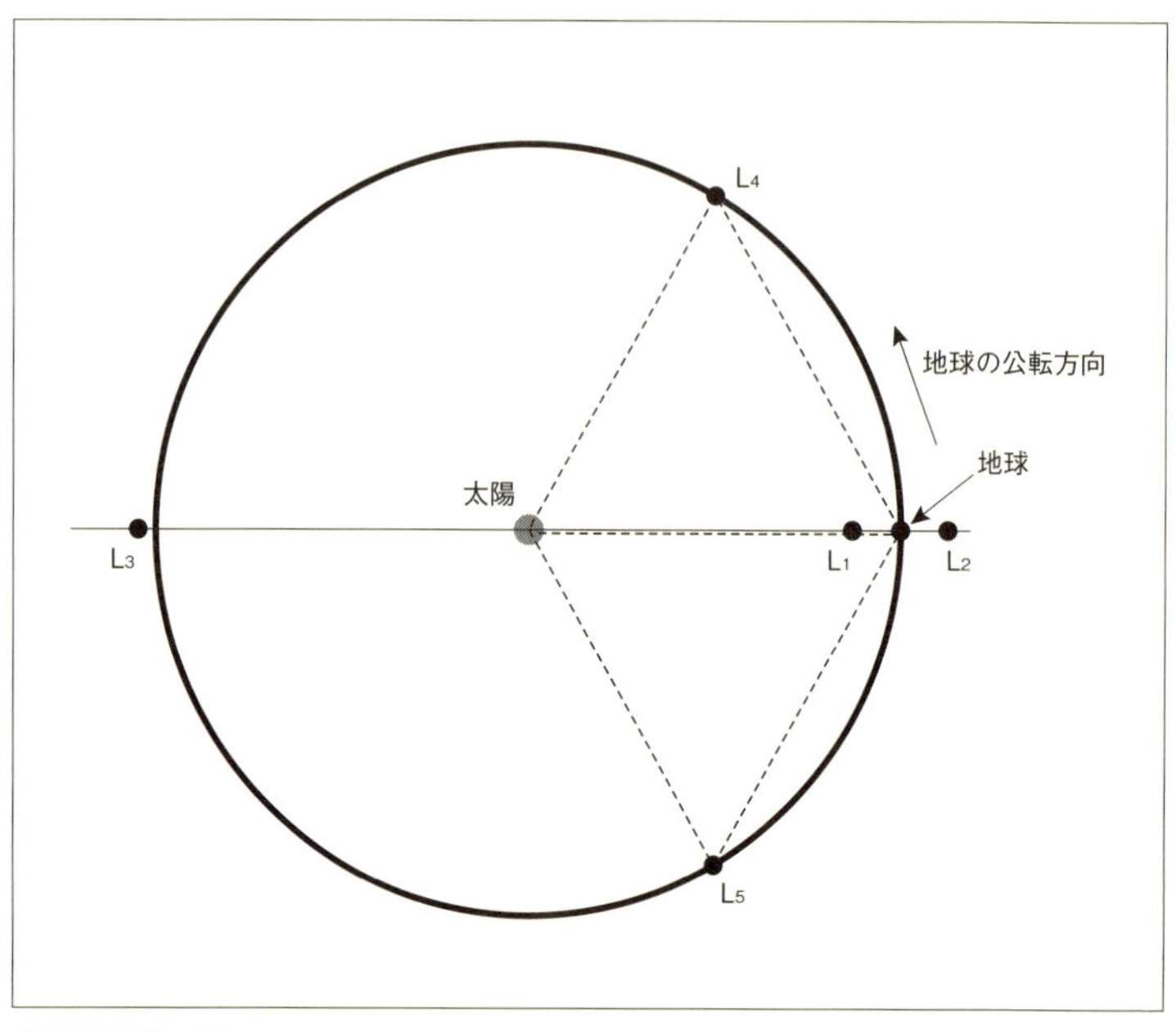

ラグランジュ点

五つある地球のラグランジュ点。L_1 は二天体（太陽と地球）の間に、L_2 はその線上の質量の小さい方の天体（地球）の先に、L_3 は同じ線上の質量の大きい方の天体（太陽）の先にある。残りの二点である L_4 と L_5 は、二天体を結ぶ線を底辺とする正三角形の三つ目の頂点にある。L_4 は地球の軌道前方に、L_5 は地球の軌道後方にある。地球と太陽の間のラグランジュ点、L_1 は、太陽研究のための宇宙観測に理想的な場所となっている。L_1 からだと、太陽は決して地球や衛星にさえぎられない。L_2 は、太陽、月、地球がすべて比較的狭い範囲にあり、視界が邪魔されず、より汎用性のある宇宙望遠鏡の設置に適している。

の相対的位置を保つことができる場所が五ヵ所ある。これらの場所は、一八世紀に大体力学の分野で高名を博したフランス人数学者、ジョゼフ・ルイ・ラグランジュにちなみ、ラグランジュ点と言われる。

ラグランジュ点のうち三つは二天体間の線上にあり、L_1 は二天体の間に、L_2 はその線上の質量の小さい方の天体の先に、L_3 は同じ線上の質量の大きい方の天体の先にある。最後の二点である L_4 と L_5 は、二天体を結ぶ線を底辺とする正三角形の三つ目の頂点にある。L_4 は衛星の軌道前方に、L_5 は衛星の軌道後方にある。土星のトロヤ群衛星は、大きい二衛星の L_4 と L_5 にある。

太陽系の他の天体とまったく同じように、地球にもラグランジュ点はあり、それらは長年にわたり使用され、宇宙計画を成功に導いてきた。地球と太陽の間のラグランジュ点、L_1 は、太陽研究のための宇宙観測に理想的な場所となっている。それというのも、地球の軌道を回るこれまでの衛星には、太陽が視界から消える時間に難があったが、L_1 からだと、太陽は決して地球や衛星に遮られないからだ。L_2 は、太陽、月、地球がすべて比較的狭い範囲にあり、視界が邪魔されない広大な空を確認できるため、より汎用性のある宇宙望遠鏡の設置に優れた場所である。

土星で最も有名な衛星は外側の巨大衛星の中にある。その中で最小なのは、平均直径がわずか二七〇キロメートルのヒペリオンで、この衛星はイギリス〔グレートブリテン島〕の上にいてもまわりに歩ける空間があるほどの大きさだ。これは太陽系内で最大の不規則天体で、不格好なラグビーボールのような形だが、おそらくその最も魅力的な特徴は、多くのクレーターがぎざぎざの縁の高い壁に囲まれて表面を覆い、外見がスポンジみたいであることだ。

これらのクレーター中で最大のものは、直径一二一キロメートル、深さが何と一〇・二キロメートルもあるが、忘れてならないのは、衛星全体の直径が二七〇キロメートルしかないことだ。大半のクレーターには底に暗く赤味がかった沈積物があり、これは、土星の他の衛星にもよくある炭素と水素の化合物を含むと考えられている。ヒペリオンはその外見から考えると、もっと大きい衛星が衝突によって分裂し、そこからできた可能性がきわめて高い。今日わかっているのは、この衛星は密度が低いということで、ここから、この衛星はごく少量の岩石が混じったほぼ水の氷からできていて、構造は一つの塊ではなく、破片が集まっているのではないかと思われる。

ヒペリオンはその外見や形だけでなく、自転の仕方も少々変わっている。他のすべての天然衛星とは違い、土星の潮汐力の束縛を受けていないのだ。つまり、私たちの月とは違い、土星にいつも同じ面を向けているわけではない。むしろ、かなり不規則ででたらめな回り方をしているので、その自転軸が長い間同じ方向を指すことはめったにない。対照的に、地球の自転軸は宇宙の中で軸の方向は変化するが、その動きはきわめて遅いので、数百年間はほぼ決まった方向を指し続けている。

イアペトゥスは大きさがヒペリオンの五倍以上で、直径は約一四六八キロメートルである。その小さい従兄弟とは違い、形も構造もはるかに均一だ。土星から三五〇万キロメートルの距離を軌道周回するイアペトゥスの最も印象的な特徴の一つは、いささか奇妙なツートンカラーをしていることだ。衛星が惑星の西側にあったときには見えたのに、東側に行くと全然見えなかったことに気づいたジョバンニ・カッシーニが、一七世紀にこのことを発見した。

カッシーニはこのかなり興味深い観測から、この衛星は土星の潮汐力に縛られていて、片方の半球がもう片方より暗いので、暗い方が地球を向いているときは、まったく見えないわけではないが見づらくなるという正しい結論に到達した。「等級」は、天文学者が天体を見たとき、その明るさを対数で表わした数字で、明るい天体は値がマイナスになる。イアペトゥスの軌道進行方向に面する暗い半球は、天空での視等級が一一・九等だが、反対側の面は明るく、視等級が一〇・二等である。当時の最良の望遠鏡では、一〇・二等級の面が光っていたときは衛星が見えたが、暗い面が向いていたときは見えなかったのだ。

暗い部分は発見者にちなんでカッシーニ地域と名づけられ、明るい部分は二つの領域、赤道の北側のロンスヴォー大陸と、南側のサラゴサ大陸に分かれている。暗い領域は赤味がかった茶色で、もとは、氷がたくさんある明るい領域と見た目が同じだったと考えられるが、地表が低温、低圧だったために氷が昇華し——昇華という過程はすでに見ており、固体が直接気体になることだ——これにより、以前は氷と混ざり合っていた岩石と塵があとに残る。

今では、暗い領域には「残存物」か、昇華の過程で出された堆積物があると信じられている。宇宙船からの観測や地上望遠鏡での観測で、暗い場所の堆積物は、一番深いところでも数十センチメートルしかなく、炭素化合物からなるが、きわめて有毒なシアン化水素も相当な量を含むことがわかった。興味深いことに、暗い物質の方が太陽エネルギーを吸収するので、日中の温度は暗い領域の方が明るい方より平均で一六度高い。カッシーニ地域の温度は高いので、氷の昇華速度がはるかに上がり、一方、寒い場所の方が氷の堆積物はたまるので、このことから結局、暗い領域は残存物によりもっと暗くなり、カッシーニ地域の露出している氷がすべて最後は消えることから明るい領域はさらに明るくなる。

この熱の暴走過程の開始にはある種のきっかけが存在し、それはおそらく近くのフェーべからきてイアペトゥスに積もった塵のようである。フェーべの色はイアペトゥスの明るい領域にそっくりだが、この過程を開始させるだけの温度差が生じるには、反射率がほんのわずか異なればよい。

イアペトゥスのもう一つの奇妙な特徴は、それがどこかクルミに似ていることだ。（衛星の四分の一周以上にもなる）[4] 一三〇〇キロメートル近く、まわりの平原より二〇キロメートル盛り上がり、カッシーニ地域を分断する赤道尾根が走っているのである。これによりいくつかの山頂は太陽系で最も高くなり、その全長に沿ってクレーターが存在していることは、尾根がとても古いことを暗示している。このリッジの形成についてはいろいろな説明の可能性があるが、外見を満足に説明できるものは一つもなく、特に、尾根がイアペトゥスの赤道にきっちり沿っていることについてはそうだ。

原因として一つ可能性があるのは、衛星の自転周期が過去数千年間はずっと長かったかもしれないということだ。もしこれが事実なら、イアペトゥスは、高い粘性が保たれたまま急速に冷やされたので、土星の重力による引力を受けてリッジが高く保たれたのかもしれない。これと競合するもう一つの理論は、イアペトゥスにはその形成の直後から赤道上空に環があり、その環が徐々に降下していったのかもしれないと提唱している。これは今でも外部太陽系のもう一つの特筆に値する謎だ。

レアは土星の衛星で二番目に大きく、赤道の直径は約一五二六キロメートルである。太陽系遠方にあるきわめて典型的な衛星で、地表にはおびただしいクレーターがあり、組成は水の氷が約七五パーセント、岩石が二五パーセントである。二〇〇八年にカッシーニ探査機が通過したとき、珍しい特徴が一つ発見された。カッシーニ探査機は、土星磁場に捕捉された電子の流れに変化があることを探知し、レアの周辺に塵や破片がたくさん集中していることを記録した。すべての天体のまわりにはヒル圏と言われる空間領域があり、その中では質量が大きい天体の方が支配的な重力を持つ。

土星には、衛星の集団と見事な環を形成したヒル圏があるはずだが、衛星のまわりにもこのような領域がある。レアの場合は、電子、塵、破片の密度が増すことから、薄い環があることが示唆されている。ここで重要なのは「示唆」という言葉で、それというのも、紫外線観測により赤道周辺に明るい閃光が見つかり、これは環の塵が地表に当たった結果かもしれないと思われたものの、環の粒子が直接観測されたことはいまだないからである。もし、レアに本当に環があれば、それは衛星の環の初めての発見になるだろう。

タイタンは、これまで見てきた土星系の中で最大の衛星で、紛れなく最も魅惑的なもののの一つである。接近するとその一番ユニークな特徴がはっきり現われるが、それは特徴がないということなのだ。太陽系の他の衛星はほとんどすべて、近づくとクレーターが見えるが、タイタンは大気が濃いため、その姿に特徴がない。タイタンには、他のすべての衛星との違いを示す濃い大気があり、加えて、太陽系では地球を除き、地表に液体が存在する痕跡が現われている唯一の天体である。

タイタンについては探査機による観測が実現するまで多くのことはわからず、その大気のせいで、遠くから地表を観測するのがかなり難しいことは明らかだ。レーダーは大気を通過できるのでカッシーニ探査機で使用され、大成功を収めてきた。しかし、この奇妙な世界に関してこれまで知ることができたほとんどのことは、カッシーニから切り離された着陸機から得られた。二〇〇四年、ホイヘンス探査機がこの大気を降下して地表に降り立ち、ほとんど先史時代の地球のような環境をまさに初めて垣間見ることができた。

この太陽系めぐりの旅で飛行したすべての場所の中でも、明らかにタイタンは、観察のために立ち寄って陸地を歩いてみる価値が最もある場所である。そのような旅には、宇宙船が地球に戻るときに直面するような多くの困難があり、たとえば、大気が厚いので、そこへ突入する角度がぴったりと合っていないと宇宙船は過熱する。この進入角は、過熱の回避以外のためにもきっちり正確でなくてはならず、宇宙船の角度が浅すぎれば、水切り遊びの石が池の水面を弾むように大気に弾かれ、深すぎれば燃え上がるだろう。

大気は地球とまったく同じように窒素に富み、それ以外には水素とメタンが主成分である。大気の密度は地球より高いので、地表に着いて歩き始めると、体は地球の地表の一・四五倍の大気圧を受けるはずだ。地表の温度はマイナス約一八〇度だが、もし、メタンが温室効果を生じさせて気候が暖かくならなければ、もっと低温になるだろう。地表が低温で酸素がないことを考えると、宇宙服は必ず着用しなければならない。

地表は火星とそれほど違わない不気味なオレンジ色に光るが、かなり暗い。タイタンが受ける太陽光は地球のわずか一パーセントにすぎず、大気の濃さを加味すると、日中でも地表はほんの少ししか照らされない。あなたは、タイタンの北極地方にあるこの衛星で二番目に大きい海リゲイア海の南岸に着陸した。この特別な場所に着陸したのは、カッシーニ探査機が収集したデータによる。

タイタンでは大気で地表が見えないため、金星と同じようにレーダーが使用されたが、地表で跳ね返る信号のエコーを分析すると、地下の様子がわかることを覚えているだろう。カッシーニ探査機はリゲイア海上を通過し、この海が長軸約五〇〇キロメートルにわたり、驚くほど穏やかであることを発見した。カッシーニ探査機に搭載されたレーダーの解像度では波高が一ミリメートルまで突き止められたはずなのに、波が検出されなかったのだ。

今、上から見た海はまるでガラスのように滑らかで、空を美しく反射している。風はほとんどなく、これで波が立たない理由がある程度わかるが、原因はほかにもあるかもしれない。海は、エタンや他の元素が少し加わった液体メタンだが、地球の海上で石油が流出すると波があまり立たなくなってさざ波になるのとちょうど同じように、海が他の液体で覆われているために波が抑えられているようにも見える。おそらく何千年間、何ものも入らなかったこの見知らぬ海に入っていくことができるボートさえあれば……。

この海の南岸は何百万年にもわたり浸食されて削られ、起伏のある地形が特徴的だ。海から離れた反対側の南の方を見ると、遠くに黒い川が流れているような丘が見える。これらの川は、実際には有機化合物の暗い溝で、タイタンの上層大気で気体と太陽の紫外線放射が相互作用してできた有機化合物である。その後、メタンを主成分とする雨がこれらの化合物を大気から放出させるのに一役買い、化合物は山を流れ落ち、溝の中や丘の上の平地にたまっていった。二〇〇四年に着陸したホイヘンス探査機で結論が出た通り、タイタンではおそらく雨は滅多に降らないと思われる。

足もとの地表は押し固められた雪に少し似ていて、弾力性がありそうな土壌状の物質で覆われている。地表は、気をつけて足を踏み出せば歩けるが、歩行を続けるのはあまりに困難で、おそらくもっと柔らかい物質の中に沈み込むだろう。下の方は湿気が増し続け、表面は殻状で下はしっとりしたクレーム・ブリュレ(5)に少し似ている。立っている場所からは、衝突クレーターの痕跡はほとんど見えないようだが、大気が濃く、大気に突入するすべての岩石は燃えて一番大きな塊だけが残ると考えればつじつまが合う。現在ある岩石は非常に若く、ほかの地表も一〇億年以上は経過していない。痕跡がたくさん残っていそうなのは火山活動である。

この旅では、「カルディ」に装備された《現実棚上げ装置》を使用して大気を分析した結果、メタンが大量に含まれていることがわかり、ある一定期間調べるとその量は比較的安定しているようである。地表の液体メタンはある決まった量が蒸発するが、火山の噴火によりさらに大量のメタンが大気に噴出したという説明もありうる。アルゴン40という物質も検出されているが、これは、氷の火山か、水とアンモニアを噴き出した氷の火山の存在を示している。

大気中のすべての証拠をもってしても、地表に火山活動がある直接的証拠は明らかに欠如しているようだ。疑いが提起された特徴の中には、二〇〇八年にタイタンの大気中に現われたいくつかの明るい斑点がある。これらは気象現象から簡単に説明できるはずだったが、それにしては長く続きすぎるように思われた。南半球のホテイ弧状地域[6]という場所では、地表の溶岩流が原因かもしれない明るさの変化も検出された。

タイタンで、氷の火山である可能性がおそらく最も高いとされる地形が、二〇一〇年にNASAのカッシーニ・チームにより発表された。ソートラ・パテラという場所には、地表から一・五キロメートルの高さで隆起する三つの山が連なり、頂上に巨大クレーターを共有していると思われる。山とクレーターが連なる地形は、ある種の地質学的過程によるものと強く示唆され、ふもとの周辺には溶岩流の塊のようなものがレーダーで探知されている。

タイタンについておそらく最も興味をそそられることの一つは、その原始的な段階の地球と似ているということだ。この衛星にはかなり複雑な有機化合物がいくつか存在し、「プレバイオティック

（前生物的）」と言われる環境があったと思われる。だが、これまで見てきたように、地球の平均より少なくとも二〇〇度は低く、相当な低温である。このような低温と地表に液体の水が存在しないことから、多くの人が、タイタンに原始生物が発見される可能性を排除するが、水がなくとも生活できる生命体にとってはおそらく耐えられる条件だろう。

タイタンは地下に水の海があり、この海により、エネルギー源を太陽に依存しなくてもよい生命を支えることができるもう一つの衛星となっているのかもしれない。メタンの海も生命を維持できる可能性がある。地球の生命が酸素を取り込んで二酸化炭素を作る一方、タイタンではメタンを生成する水素が豊富に存在し、そこから生命が始まることがありうる。

もし、このような原始的生命が存在したら、衛星の大気中にその証拠が見つかるかもしれない。対流圏において大気中の水素レベルが減少すると、それとともに生物学的なプロセスの一部をなすアセチレンのレベルも減少する。アメリカのジョンズホプキンズ大学のダレル・ストロベルが二〇一〇年に公開した報告書では、まさにこのことが発表された。

その研究では、タイタンの大気の上層部へ行くにつれて水素とアセチレンのレベルがどのように減少するかを示しており、生体活動の可能性があるということを述べていた。私はここで言葉を慎重に選んでいるが、それというのも、これは見知らぬ生命が存在する証拠ではなく、タイタンでは何らかの形の有機化学的プロセスが起きているかもしれないという示唆に留まるからだ。この過程の本質にたどり着くには、さらなる研究が必要である。

タイタンに生命が存在するか、もしくは生命が進化してきたかは今も科学的な議論の一つだが、それより一つ確実なのは、土星の衛星の様相は、太陽の進化とともに進化するであろうということだ。数十億年のうちに太陽は赤色巨星になり、それとともに膨張し始めるので、地球で生命が生きられなくなるほど巨大になるかもしれない。だが、私たちにも望みはあり、それというのも、その頃にはタイタンが人類の別の避難先になっていることもありうるからだ。

太陽が赤色巨星になると、タイタンの表面温度は約一〇〇度上昇し、最高温度がマイナス七〇度ぐらいになる可能性があるが、これは、地球の地表でかつて記録された最低温度よりも二〇度近く高い。このくらいの温度だと、水とアンモニアの海が地表に存在できる可能性がある。すると将来的な見通しでは、タイタンは、私たちが長期間の探検を見据え、もしかすると居住するのに最良の場所の一つになるかもしれない。

*

もし仮に、タイタンか土星の衛星のどれかを人類の前哨基地にしたら、そこに住む人々はおよそ信じがたい眺めを見ることになるだろう。夜、あるいは昼間ですら空を見上げれば、土星の美しい環が広がり、ほとんどの人は畏怖の念に打たれるだろう。土星は何と言ってもその環で有名だが、環はほぼすべて水の氷の粒で、そこに炭素系岩石成分が少し混じっている。

粒子の大きさはミリメートル以下から約一〇メートルに渡るが、遠くから見ると、この惑星を取り巻くまばゆい環の姿になる。外側のいくつかの環は光が弱く霞んでいるので、環の大きさを決めるのはほぼ不可能だが、メイン・リングの直径が約二七万キロメートルに広がっていることは一般に認められている。それより光のかすかな環も考慮すると、リング・システム全体は二六〇〇万キロメートル近くにもなる。

環の厚さは平均約一〇〇メートルにもならないので、全体は巨大だが極薄の天のディスクのようだ。ここに、その環がどのくらい薄いかを視覚化する方法が一つある。リング・システム全体の比率を保ち、厚みを一枚の紙に縮小すると、直径が二六キロメートルもあるのだ。

環は、一六一〇年にガリレオが最初の望遠鏡の一つを天空に向けたときに発見されていたが、それが環であることは彼にはわからなかった。使われていたのが非常に原始的な機材だったので、土星の姿はおよそ素晴らしいとは言えなかったことを心に留めておいてほしい。「土星は単体ではなく三つの部分からなり、それぞれはほとんど接触していて、互いどうしが動いたり変化したりすることはない」と彼は記した。一六一二年、自らが称した二つの「土星の耳」が視界から消えたため、ガリレオは混乱したが、一六一三年に「耳」は戻った。

ガリレオが観察したのは環の平面の通過だった。地球から見ていると、土星はおもちゃのコマのように軸を中心としてゆれるので、私たちからは一四年か一五年ごとに環を真横から見る。すでに見たように環はとても薄いので、地球に環の平面が向いているときは視界から消えるが、数ヵ月後にはもとに戻る。一六五五年、オランダ人物理学者のクリスチャン・ホイヘンスは改良された望遠鏡を使って土星を約五〇倍に拡大し、それが「薄く平らな環に取り巻かれ、環はどこも土星に触れていない」と最初に記録した人になった。

近代の、地球上の望遠鏡による観測から、環が頑丈な固体構造ではないことが明らかになった。事実、もし頑丈な固体構造ならば、環は不安定ですぐに割れて粉々になるだろう。そこでは、何百もの小さい環が空隙で分かれているのが見える。メイン・リングには発見された順にアルファベットがつけられている。土星に近い内側から、メイン・リングのD環、C環、B環があり、それからカッシーニの間隙と言われる隙間があり、A環に続く。A環の中にはエンケの間隙と呼ばれるもう一つの隙間があり、その先にF環、G環、E環がある。

環の起源については二つの競合的な理論がある。少数派の理論は、環の粒子は太陽系の形成時から残っている物質が関係しているという。だが、環の中の氷と岩石の粒子の比率からは別の起源が提唱される。これより一般的な理論は、環の粒子は、実は、土星のロッシュ限界に達するほど接近しすぎた衛星が巨大な潮汐力により破壊され、その残骸の一部からできたというものだ。

環では氷の比率が高いことから、衛星は、部分的、あるいは完全に分化するほど巨大で、もしかするとタイタンと同じほどの大きさだったかもしれないと推測される。衛星の氷の外層は、衛星が徐々に割れるにしたがってはがれていき、岩石からなる内部物質の多くは、強大な惑星自体に飲み込まれたが、一方、このような潮汐力によってできた氷の塵は惑星軌道中に散らばった。環は、その形成直後にはもっと質量があったのかもしれないが、物質の多くが重力で徐々に合体し、今日見るような衛星のいくつかが形成された可能性の方がずっと高い。

環は氷だけで作られているのではなく、気体も存在する。カッシーニ探査機からのデータには、リング・システム自体に酸素分子からなる大気が存在することが示されている。この気体は太陽の紫外線エネルギーが原因で、紫外線が水の氷の粒子に当たると、そこから酸素分子と水素分子が放出される。もう一つの過程では、エンケラドゥス衛星からきたエネルギーの高いイオンも氷の粒子に当たり、別の酸素分子と水素分子を放出する。この両過程の結果、リング・システムを取り巻く大気はきわめて薄いものとなる。

この太陽系めぐりではすでに小惑星帯を通過し、眺めてきた。危険を冒して、目標に向かって進んだのだ。だがその時、小惑星帯中の物質の散らばり方は実際にはごくまばらだった。土星の環はどうだろう？　そこを安全に通過することは可能だろうか？　その中を飛ばなければならないとしたら、最良のルートは多くの隙間の一つ、たとえばカッシーニの間隙やエンケの間隙のはずだ。これは、カッシーニ探査機が土星軌道に入る前にとった方法で、目指したのはF環とG環の間だった。

リング・システムの粒子の大きさは、砂粒より小さいものから家と同じぐらい大きいものまでさまざまなので、もし、宇宙船が環の一つを通り抜けようとすれば、それらに当たる可能性はかなり高いだろう。もし、小さい粒子の一つに当たれば、宇宙船に損傷が残ることはほぼ確実だが、壊滅的にはならないだろう。だが、もっと大きい破片の一つと衝突すれば、旅はそこで終わりになるはずだ。隙間を無視して環の一つを突き抜けようとするのは、おそらく、勇敢ではあるが向こう見ずな冒険家でないとできない。

土星を回る粒子の大きさがさまざまなら、時が経てば環は徐々に消えると思うかもしれないが、羊飼い衛星がどのようにして環の体系を無傷に保ってきたかはすでに見てきた。カッシーニの間隙はA環とB環の間の幅四八〇〇キロメートルの領域で、そこに環の粒子はないように見えるが、ボイジャー探査機からの画像では、密度ははるかに低いながらも粒子があることが明らかになった。この間隙の内側の縁は、羊飼い衛星によって保たれている。

この間隙の内側の縁にありB環に属する粒子は、ミマスとの軌道共鳴が2：1なので、ミマスが軌道を一周するごとに環の粒子は二周する。これは、ミマスの重力による引力が環の粒子に働き、それが徐々に積み重なると軌道が不安定になり、環が分断されるということだ。カッシーニの間隙の他の部分には、物質の密度がさらに小さい環があり、こうした環の間には、この間隙の内側の縁にあるホイヘンスの空隙のような多くの空隙がある。

エンケの空隙はA環の中にあり、幅は三二五キロメートルしかない。この隙間は、パンという平均直径二八キロメートルの小さい衛星が空隙を軌道周回して作り上げた。パンの前方を漂う環のすべての粒子はパンの重力に引かれるので減速し、空隙の内側の縁に落ちていくが、一方、後ろを漂う粒子は加速して縁から出され、外側の縁へ向かう。

環の中にはほかにも空隙や間隙がたくさんある。それがどのようにできたか説明がつくものもあるし、そうでないものもある。だが、ほとんどの場合、それらの隙間は土星の多くの衛星の重力的影響を受けて維持されている。

環の構造には、同じく衛星がもたらした見事な特徴が数多く見られる。A環は、外側の縁に沿って奇妙なプロペラ型の擾乱があることが研究でわかり、間もなくこの擾乱は、直径が一〇〇メートルそこそこの小さい衛星が環の塵の中を回って起こしていることがわかった。もっと遠く、かすかなF環はパイオニア一一号によって発見されたが、これは、小さい衛星が環の外見に大きな影響を与えたもう一つの見事な例である。この環はところどころに幅が三〇〇キロメートルしかない場所があり、互いにらせんを回り合う二本の環に見える。

この環は、二つの羊飼い衛星であるプロメテウス（環の内側の縁にある）とパンドラ（環の外側の縁にある）のコントロールを受け続けていて、それらの重力的影響でこの環の美しくも動的な特徴が作られてきたと思われる。プロメテウスは土星を回る際、最も土星から離れた場所にいるときに環の中に入り込んでその物質の一部をかすめ取る。そして、その過程で環に撹乱を引き起こし、それがこぶやねじれの形になった。パンドラも、大きさが煙の粒子とせいぜい同じと思われる環の粒子を重力で撹乱しているようで、環の粒子は、二つの衛星や存在の可能性はあるが見えない他の小さな衛星の間にはさまって、太陽系のほかのリング・システムでは見られないダイナミックな性質を獲得してきた。

だが、環の特徴がすべて衛星によって生じたわけではない。たとえば、B環の周辺には、環の主要な面から高さ約二・五キロメートルに垂直に伸びる構造がある。地球において、太陽の高度が低いときに長い影がかかるのとまったく同じように、太陽光がこの構造に低い角度で当たると長い影ができるが、それをカッシーニ探査機の画像が突き止めた。このような地形を作りそうな衛星はないので、今のところその起源は謎のままである。

その起源が科学者に理解できそうもない地形がもう一つあり、それは、一九八〇年にボイジャー探査機によって最初に発見された、あまりにも見事なスポークである。その時まで、リング・システムは純粋に重力のみでできる現象とされていたが、この発見のように、惑星からバイクの車輪のように放射状に伸びているスポークは説明がつかなかった。それらは、太陽がカメラの後ろにあるときは暗いしみのように写ったが、背後から照らされているときは明るかった。

科学者たちを本当に当惑させたのは、スポークは多くの環にかかって伸びているように見えるのに、環のまわりを動いてもその形は大きくは変わらないように見えることだった。これは軌道のメカニズムを考えると起こりえない。土星の近くを回る塵や氷の粒子は、遠くを回る粒子より速く動くので、形はどうあれ、できるそばから消えていくはずだからだ。

スポークを形作る粒子は、今では、静電気による斥力で環の面の上に上って浮遊した、直径が一マイクロメートル（一〇〇〇分の一ミリメートル）程度の微小な氷の粒子だと考えられている。スポークの粒子と環の粒子は同じ電気の極性で、斥力を生じると考えられるので、このようなことが起こるのだ。

粒子は電荷を帯びていて、土星の磁場の状態や運動にも支配されているので、惑星とともに磁場が回転すれば、スポークの中の粒子も動く。スポークは、エッジを向けた環に太陽光が当たるとき、つまり、土星の春分と秋分ごろの方がよく見えるようだ。夏と冬の数ヵ月間はほとんど見られないので、何らかの季節的変動が関係することが窺われる。だが現時点では、幽霊のようなスポークの謎は解けていない。

スポークの駆動力になっていると思われる土星の磁場は、木星の磁場の約二〇分の一の強さしかないが、その作用の仕方は同じである。木星と同様、土星にも液体水素の核があり、磁場を生成していると思われるのは核内の電流である。磁場を持つすべての惑星と同じように、土星は太陽からくる太陽風を極の方向に屈折させ、磁場が、すでにあった粒子を加速させて美しいオーロラが現われる。オーロラは土星の北極地方と南極地方で見られる。

極地方には別の特徴も見られ、その一例は、北極地方で大気中の太陽熱と気体の運動が渦を生じさせ、その渦で雲が六角形の模様になることだ。土星の大気はほとんどが水素分子からなり、九六パーセント強が水素、三パーセント強がヘリウムである。残りは、アンモニア、メタン、エタンなどのさまざまな物質で、これらが上層大気の雲の主な成分である。

土星は木星と比較して、帯の入り方などの特徴ははるかに目立たないものの、大気の外見は似ていないというわけではない。上層大気中で細かい模様になる雲は、主に結晶状のアンモニアからなるが、一方、下層の雲は、水とアンモニア、水素、硫黄からなる化合物、すなわち硫化水素アンモニウムでできていると考えられる。これらの化合物のいくつかは太陽からの紫外線放射により生成され、地球の至るところで見られるような循環するセルを通じて惑星大気中を移動する。

土星の帯状の雲は、二〇世紀後半に宇宙探査が行なわれるようになってようやく発見された。地上望遠鏡はそれらを突き止めるには適していなかったのだ。だが今では、光学系や画像処理の進歩により、地形や構造が地球から観察できるようになった。帯のかすかな構造は、薄いクリーム色の背景に卵形の白い斑点の形で現われる嵐によって消えることもある。

大きい嵐はほぼ三〇年ごとに発生するように思われ、その外見が木星の大赤斑に似ていることから少し創意を発揮して、「大白斑」という名がつけられた。それらは土星の北半球だけに生まれ、普通は夏至のころに姿を現わすようである。同じような事象は南半球でも夏至のころに起こるが（この時北半球は冬至である）、この時期の環の向きが原因で、地球からの観測は難しい。

嵐は、夏至の時期と一致することから、土星が受ける太陽光の強さと何らかの関係があるのではないかと思われている。太陽放射は下層大気の気体を暖め、膨張させて密度を低下させ、その密度がまわりの気体よりも低くなると上昇する。私たちが見る白斑は大気の上昇で、最初は普通の大きさの斑点だった大気が、特に経度方向に大きくなる。この現象が一九九〇年と二〇一〇年に最後に見られたときは、その広がり方がきわめて大きく、惑星全体を一周するほどだった。

土星の強風はこの惑星中で嵐を起こす原因となり、帯ができる原因でもある。一九八〇年、ボイジャー探査機が土星を訪れたときに時速一八〇〇キロメートル〔秒速五〇〇メートル〕を越す風を検知したが、これは、木星の風と比較して時速一〇〇〇キロメートル以上も速かった。土星の強風の影響の一つである北極の六角形模様の雲についてはすでに見てきた。一九八一年にボイジャーが発見したこの奇妙な形は、各辺が一万四〇〇〇キロメートル弱もあり、全体の構造は地球より大きい。

雲の模様を背後で作っている本当の力は、風速自体ではなく、風速が緯度にしたがって急激に変化することである。土星が自転軸を中心として回転する際、極周辺では風速が大きく異なる。これは乱流を生み出すだけでなく、これらの境界の南側に渦が作られるようなのだ。回転する気泡である渦は相互作用を起こして極周辺に等間隔に並び、六角形ができることになる。

極地方に六角形ができるには、風速や他の大気条件についてきわめて特殊な組み合わせが必要なようで、これが、南極ではこれに対応するものがなぜできないかの理由である。研究室では、容器の中の液体を、中心から外側に行くほど速度が遅くなるように回転させて、この過程が再現できないかと試みられた。これらの実験では似たような結果が現われ、回転軸のまわりに形ができたが、必ずしも六角形ではなかった。辺の数は時に四になり、五、七、八にすらなったのだ。

南極では、六角形の雲の代わりに差し渡し約八〇〇〇キロメートルの非常に発達したハリケーンができ、その大きさは当然別としても地球のものときわめて似ていた。土星の南極の嵐は、(地球のものを除けば)唯一はっきりとした眼を持ち、そのまわりには周辺の雲より推測で五〇キロメートルも高い巨大な雲の輪が立ち上る。この、いわば「アイウォール・クラウド」(台風の眼の周囲にある積乱雲の壁)は、湿った空気が嵐の中心に向かって移動するとき作られるが、それは通常、海面上だ。湿気を帯びた空気は凝縮後に上昇し、中心にある嵐の眼の空気柱のまわりにかなり大量の雨を降らせ、その後下降し嵐の眼となる。

土星のハリケーンが独特なわけは、それが移動したりふらついたりしないことだ。それはなぜか極地方に腰を据えているように見える。このハリケーンは海上で形成されたのではないし、地球上にあるわけでもないが、形成の主な要因はこのようなまとまった水からくる水蒸気である。眼の周縁部の風速は時速約五五〇キロメートルと計測されたが、眼の中の事象はきわめて穏やかだ。

嵐の眼はあまり雲が存在しないため、暗く見えるが、これは、眼を詳細に調べれば土星大気を奥深くまで覗き込めるということだ。赤外線放射を記録する赤外線画像技術を用いれば、大気のはるか下層部の雲を見ることができ、これまで見ることのできなかった状態がわかるようになる。

南北の極を取り巻く大気の状態からすると、水の氷の結晶ができることはありえない。圧力が五万パスカルほどで(一〇万パスカル(一〇〇〇ヘクトパスカル)は、地球の海上での大気圧にほぼ等しい)、温度がマイナス一七〇度～マイナス一一〇度という条件は、アンモニアの氷の結晶の生成に適している。これらの結晶は、地球だと巻雲ができるような高度の高い場所でできる雲のほとんどを作るが（地球では水の氷の結晶だが）、高度が下がると雲の組成は変化する。

大気を下っていくと大気圧は増加し、圧力が約二五万パスカル、温度がマイナス五〇度に達すると水の氷の結晶ができ始める。この領域の最上部には水の氷と硫化水素アンモニウムの混合物があるはずで、下に行くと水の氷だけになっていく。大気のさらに下層部で作られた雲は、液体状の水とアンモニアからなり、地球のふわふわした積雲や雨をもたらす乱層雲にもっと似てくる。

大気をさらに下ると、土星には着地できる固い地表がなく、ほとんど気体だけでできた巨大ガス惑星であることがはっきりわかる。すでに見てきたようにこの気体は主に水素で、ヘリウムやアンモニアのような他の元素もかなりある。結局、その下は木星のような液体状の金属へリウム層で、そのまた下は液体状の金属水素層、最後は核に着く。土星とその衛星、環の粒子、通過する宇宙船と土星の相互作用を研究した結果、この核は地球の約二〇倍の質量があり、直径約二万五〇〇〇キロメートルであるという結論を出すことができた。

核の温度は一万二〇〇〇度弱と考えられるが、土星は太陽から受ける約二・五倍のエネルギーを宇宙空間へ放射している。この余分なエネルギーはケルヴィン - ヘルムホルツ機構という過程により生じると思われる。この過程は土星に特有のものではなく、巨大ガス惑星や褐色矮星において熱を生成させる仕組みと考えられている。褐色矮星は、その核内で普通の水素による核融合が始まるほどの質量はない恒星である。[7]

だが、ケルヴィン－ヘルムホルツ機構で説明がつくように、褐色矮星や惑星の表面は、天体ができてから徐々に冷え、結局、圧力が少しずつ減少して天体は縮んでいく。その後この収縮により核が加熱され、余分なエネルギーが生成される。だが、土星の場合、エネルギーの放出を説明するのにケルヴィン－ヘルムホルツ機構では不十分なので、何か別の形態の熱の生成があるはずである。一つの可能性は、大気の下層部で降るヘリウムの雨粒で、密度のもっと濃い大気層に雨粒が落ちると摩擦により熱が生じる。この理論では、土星の上層大気でヘリウムの量が予想より少なかったことも説明できる。

*

土星の重力が利用できるので、太陽系めぐりの旅をさらに遠くまで続けるために環を突き抜ける必要はない。フライバイでかすめていけば、次の惑星である天王星へ着けるように軌道を十分変えられる。だが、土星の系をあとにする前にもう一つ見ておくべきものがある。二〇一三年にカッシーニ探査機が撮った一枚の画像は、土星による見事な日食をとらえていた。太陽光で背後から照らされた土星は見事な姿で、そのディスクはシルエットになり、上層大気を通って屈折した光が縁どりをしている。

環はまさに息をのむほど美しく、この写真ではまったく別の姿をしている。内側の環も見事だが、惑星全体をハローのように縁どっているのは、太陽光に照らされてかすかに光る外側のＥ環である。

だが、これを本当に特別な写真にしているのは、E環のちょうど内側の縁を貫いている少々ぼやけた小さな光の点である。この光の点は故郷の地球なのだ。したがって、ここを去る前に是非とも自分でこの光景を一目見るべきなのだ。

第8章

氷の辺境

天王星　海王星

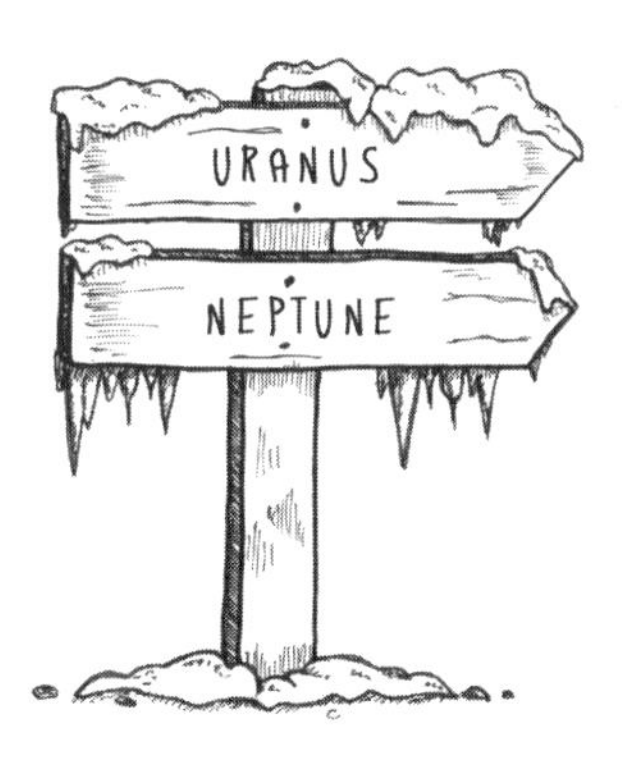

土星から一四億キロメートル近く進むと、さらに巨大な二つの惑星のうちの最初の惑星、天王星に出会う。学校時代には、太陽系は岩石でできた四つの内惑星、気体でできた四つの巨大な外惑星、それと冥王星からなると習ったのを憶えている。実は、太陽から七番目と八番目の惑星は巨大なガス惑星ではなく、巨大な氷惑星であると知ったのは、天文学に対する自分の興味が育まれてからのことだ。だがこれは、二つの惑星がただの巨大な氷の球だという意味ではなく、両者は組成の面で異なっている。

本章の直前の二つの章で見てきたように、木星と土星はほぼすべて水素とヘリウムでできている。実際、その組成の優に九〇パーセント以上は水素だ。だが、天王星と海王星の水素は約二〇パーセントでしかない。他の八〇パーセントはメタンやアンモニアのようなもっと重く沸点の低い揮発性の元素からなる。

したがって、今日私たちが見ているこれらの惑星は、その集合名が暗示するように氷でできているのではなく、四〇億年以上前に形成されたときの方がもっと氷が多かったと思われる。その化学物質は今日では「超臨界流体」と言われる状態にある。この状態では、圧力と温度が臨界点を優に越しているため、たとえば気体は液体のようにも振る舞えるし、液体は固体のようにも振る舞える。

すでに木星で見てきたように、このような状態は他の惑星にも表われている。金星でも、地表の圧力と温度が二酸化炭素と窒素の臨界点を優に越しているので、地表の大気は天王星や海王星の大気とまったく同じように超臨界流体であると言われる。

この二つの惑星の発見は科学の大勝利だが、すべては一七八一年三月一三日に始まった。その年、ウィリアム・ハーシェル卿[1]は、恒星視差の計測に関する一連の観測を行なっていた（恒星視差とは、地球の公転運動が原因で生じる天体の見かけの位置の変化である）。彼はおうし座の恒星の観測中にある天体を発見し、「星雲のような星、あるいはおそらく彗星」と記録した。

三月一七日にそれをもう一度探すと移動していたことがわかったので、これは彗星のはずだという結論を出した。彗星発見の報告のあと、ヨーロッパ中の多くの天文学者がこの新しい天体の調査に時間を割いたが、ぼんやりとしたコマも尾もなかったので、「彗星」は実は惑星であることが間もなく明らかになった。ハーシェルはこれを以下のように報じた。「ヨーロッパできわめて著名な天文学者たちの観測の結果、一七八一年三月に私が発見の栄誉に浴したこの新たな星は、太陽系の主要な惑星であると思われる」。

それから何年間も軌道運動が注意深く観測された結果、天王星は予想される軌道からわずかにそれているらしいことが発見された。この摂動は、もっと遠くにある別の惑星から重力の影響を受けて起きている可能性があった。フランス人数学者のウルバン・ルヴェリエは、天王星の軌道運動にニュートン力学を適用して未発見の惑星が存在しそうな位置を計算することができ、こうして、天空上の探索すべき場所を天文学者たちに示した。一八四六年の海王星の発見は、その後ルヴェリエと、ルヴェリエとは別に研究を行なってきたイギリス人数学者および天文学者のジョン・コーチ・アダムズの両者の功績とされるようになった。

水星、金星、火星、木星、土星は何百年も前から知られていたが、それは、これらの惑星が明るくて地球から簡単に見えるからだった。同じ年月の間、占星術者たちは惑星の運動を使って地球に住む人々の将来を予言してきた。残念ながら今日でも巷に流布しているホロスコープは、当然のことながら、天王星や海王星の影響は考慮の外だったが、それらの発見で突然人々の生活にも影響を与えるようになった。

この太陽系めぐりの旅は多くのことを教えてくれたが、その一つは、物事がこと宇宙になると、人類は取るに足りない存在になるということだ。この信じられないほど美しく素晴らしい惑星がすべて、私たち個人に影響を与えることなどあるだろうか。惑星が私たちの生活に、占星術師たちが信じさせようとするような影響を与えられる証拠はない。したがって、今度新聞を読んだときに自分のホロスコープに気づいても、無視するのが良いし、そこにどんなアドバイスが書かれていようとせいぜい眉につばをつけるのが良いだろう。明らかに今は、接近中の天王星に集中するべきだ。結局私たちはこここまでそうしてきたのだから。

天王星は赤道の直径が五万一一二〇キロメートルで、木星、土星に次いで太陽系で三番目に大きい惑星である。太陽からの平均距離は二八億キロメートルで、軌道を一周するには八四年ほどかかる。天王星の軌道が興味深いのは、太陽の回り方である。地球も含めてほとんどの惑星は、ほぼ自転軸を直立させて太陽のまわりのほぼ同じ平面上を軌道周回している。

これは、太陽が巨大な平らな紙の中央にあり、惑星がその面に乗って回っている様子を想像すると目に浮かべられる。ここまでの章で見てきたように、太陽系の面、(2)喩えで言うと、紙の面の法線から地球の自転軸は約二三・五度傾いているが、ほとんどの惑星の自転軸はほぼ垂直に立っている。つまり、自転の仕方が垂直に近いと言ってよいが、天王星の場合は倒れており、自転軸が九七・七度傾いている。ある意味、太陽系を転がっているのだ。

このようなわけで、天王星は季節の組み合わせが太陽系の他の惑星と違い、かなり奇妙である。昼夜の長さが同じになる春分・秋分に太陽は赤道の真上にあり、私たちにお馴染みの昼夜になるが、地球では一年のうちで昼か夜が最も長い夏至と冬至が、天王星ではきわめて異なる。夏至か冬至には自転軸のどちらかの方向が太陽の方を向き、その半球が太陽光をほぼ四二年間受け続けるが、この距離だと受ける光の強さは地球の四〇〇分の一である。

軌道上の春分点（または秋分点）を過ぎるともう一方の極が太陽を向き、その光を四二年間享受するが、同じ期間、反対の極は暗闇の時期に突入する。しかし興味深いことに、極の方が多くの太陽光を受けるのに、赤道の方が平均気温が高い。その理由はわかっていないが、大気中の熱の再分配と何らかの関係があるはずである。

天王星のどちらかの半球が夏至になるときに、五つの主要な衛星のどれかの地表に立つと、きわめて異様な太陽の動きが見えるはずだ（憶えていると思うが、天王星には固い地表がない）。これらの衛星の軌道はみな天王星の自転軸と同じように傾いていて、このことが、天王星の若かったころに衛星が、周囲にあった降着円盤から作られたと信じられる理由の一つである。太陽が一日に一回天球上を横切るのは、それぞれの天体が自転しているためだが、夏至のころ、天王星の主な衛星のどれから見ても、太陽は天の極のまわりに円を描くだけで、日の出も日の入りもなく、八四年間もの長期間、軌道周回とともに少しずつ空を横切っていくだけだ。

天王星の傾きは、太陽系の面〔黄道面〕を基準にし、かつ、国際天文学連合（ＩＡＵ）による北極の定義、すなわち、太陽系の面の「北極星側」にある極を北極とするとして定義されている。天王星は金星と同じように、他の惑星と自転の方向が逆であり、これは逆行回転と言われる。天王星は、数字の上では逆行回転[3]になるのだが、天王星がなぜ太陽系を「転がる」ように自転するのかはわからない。ある理論では、惑星の形成期に木星と土星が軌道共鳴をし、土星が二周する間に木星が一周していたことに注目している。

この共鳴は天王星に小さいながら累積的な効果を及ぼし、その形成に十分影響を与えた可能性がある。もしかすると、最も一般的な理論はもっと単純で、天王星は金星のように、太陽系の初期の歴史の中で地球と同じくらいの天体に衝突され、横に倒れてしまったというのだ。天王星の微細なリング・システムや一群の衛星も赤道のまわりの軌道を回るので、半分の時間は太陽系の面の上に、もう半分は面の下にいることになり、衝突理論にいくばくかの信憑性を添えている。残念なことに、天王星には、岩石天体に見られるような大きな衝突を受けたときの証拠がほとんど残っていない。惑星の内部を探査すれば謎を解くのに役立つだろうが、今のところ謎は残ったままだ。

土星のまばゆいばかりのリング・システムをあとにした直後の今、天王星のリング・システムにはかなり失望すると思われる。その存在ははじめ、一七八九年にウィリアム・ハーシェルにより提唱されたが、彼の観測に支持者はいなかったようで、他に環に言及する人は二〇〇年近く存在しなかった。とはいえ、ハーシェルはイプシロン環の色、外見、天王星との相対角度などをとても見事に描写していた。最初の確実な検出は、一九七七年三月、天王星によるＳＡＯ１５８６８７という恒星の掩蔽が観測され、環の存在が暗示されたときだった。掩蔽は、ある天体が別の天体を視界から隠す現象で、太陽が月で隠される日食もその一つである。

天王星の観測では、この恒星は天王星で見えなくなると予測されたが、天文学者たちが驚いたことに、この星は天王星が通過する前に五回、通過したあとに五回減光したのだった。結論は必然的に、天王星のまわりには、光が弱すぎて直接には見えないリング・システムがあるということだった。一九八六年、ボイジャー二号は天王星を訪れたとき、環を直接撮影した最初の映像を送り、そこには全部で一一本の環が映っていた。その後、二〇〇五年にハッブル宇宙望遠鏡が記録したデータには、外側にさらに二本の環が映っていて、全部で一三本になった。

約六万キロメートルの空間に広がる天王星の環は、粒子の大きさが普通直径わずか数分の一ミリメートルから一メートルと小さく、暗いという点で、土星の環とは実際にかなり異なる。天文学には、ボンド・アルベドと言われる、ある天体に届いた光が散乱して宇宙に返される全放射量を表わす素晴らしい尺度がある（「アルベド」は昔は可視光に対してだけ使われていた）。天王星の環の粒子のボンド・アルベドはたった二パーセントで、このことから、粒子はおそらく岩石ではなく氷でできていることが示唆されるが、それらは暗いので純粋な水の氷ではありえない。粒子は、氷と、確認はされていないがおそらく天然の有機物である暗い物質とが混ざっている可能性が高い。光の当たる角度が変わると、環の見え方がどのように変化するかを調べれば、粒子の性質がもっとわかるはずだ。

ハーシェルが観測したと主張するイプシロン環は、ある方向から光が当たる間はきわめて赤く見えるため、この環には多くの塵が存在する可能性が窺われる。イプシロン環は環の中で最も明るく、推定の厚さがわずか一五〇メートルで、最も薄い部類に入ることがわかる。内側には九本のメイン・リング、惑星から少し離れたところにはガンマ環を含む二本のくすんだ環があり、このガンマ環は後方散乱光で観測するとイプシロン環より明るく見える。

この二本のくすんだ環の外側にはさらに二本、ハッブル宇宙望遠鏡によって発見された環があるが、内側の環とはいろいろな点できわめて異なる。とりわけ幅は、それぞれ一万七〇〇〇キロメートル、三八〇〇キロメートルもあり、とても幅広い。これらの環を、マウナケア山頂の巨大なマルチミラー式ケック望遠鏡を使い近赤外線で調べると、ミュー環と言われる外側の環は見つからなかったのに、ニュー環は見つかった。このことは、ミュー環は色がより青みがかっているため、全体はほぼ細かい塵でできている可能性が高く、氷の含有量がもっと多いと推測されるニュー環とは違うことを暗に示している。

太陽系の他の場所で見られる環と違い、天王星の環は天王星本体ができたあとに形成され、とても若いと思われる。その形成に関する最も一般的な理論は、粒子はかつて衛星の一部で、衛星は太陽系初期の歴史の中で高速の衝突を受けて粉々になり、その結果できた塵が今日見られる環になったというものだ。環の粒子はほとんどの衛星と同じような軌道を回り、これらを観測した結果、粒子は土星の衛星とちょうど同じようにリング・システムを保つように振る舞うことがわかり、これは上記の理論を支持する事実だ。

天王星を軌道周回する衛星は二七個あり、それらは一三個の内側衛星、九個の不規則衛星、五個の主要衛星の三つのグループに分かれる。チタニアとオベロンは、一七八七年にウィリアム・ハーシェルにより発見された最初の主な衛星である。次の二つが見つかったのは、六〇年以上が経過した一八五一年である。これらは、ビール醸造家であり天文学者でもあったウィリアム・ラッセルが自家製の反射望遠鏡の一つを使って発見し、アリエル、ウンブリエルと名づけられた。

その後一九四八年に、ジェラード・カイパーが主要衛星としては最後のミランダを発見するまでさらに一世紀近くがたった。一九八六年のボイジャー二号によるフライバイでさらに一〇個の衛星が発見され、のちにボイジャーによる写真がより詳しく調べられた結果、もう一つの衛星確認された。その他の衛星はすべて、その後数十年間にハッブル宇宙望遠鏡と地上に設置された望遠鏡により発見された。珍しいことに、どの衛星もギリシャ神話やローマ神話の神々ではなく、ウィリアム・シェイクスピアの作品やアレクサンダー・ポープの作品中の登場人物名にちなんで名づけられている。

ミランダは主要衛星の一番内側の軌道にある衛星で、その軌道の内側には一三個の衛星がある。パックとマブはこのグループの最も外側にある衛星で、後者の粒子からはミュー環が作られている。内側の衛星は、マブのようにその物質を環に供給しているか、あるいは、コルデリアやオフェリアがイプシロン環に対して働いているように環の羊飼い衛星になっているとすれば、どれも天王星の環と何らかの形で密接な関わりを持っている。内側の衛星は小さく、直径が一〇〇キロメートルを越すのは二つだけだが、それらは軌道の中で常に摂動を与え合い、時の経過とともに移動していく。この結果、衛星どうしの衝突はよく起こり、これは環に新たな物質が供給される仕組みの一つである。

ミランダ、アリエル、ウンブリエル、チタニア、オベロンは、大きさが四七〇キロメートルから約一五〇〇キロメートルにわたり、天王星の衛星系の中で存在感を示している。これらの衛星がいつできたか正確なところは不明だが、天王星の形成直後にまわりにあった降着円盤から作られたか、あるいは、おそらく天王星が横から衝突されたときにできた可能性が高い。ミランダ以外の衛星はすべて、岩石と氷の二酸化炭素がほぼ同じだけ含まれ、そこにアンモニアが混じっている。ミランダは水の氷が相当量を占め、そこに色の濃いケイ酸塩の岩石が大量に混ざり、表面には激しい地質活動があった痕跡が残っている。

この衛星は、テクトニック運動の際に地殻が引き伸ばされてあちこちにできた渓谷や溝で覆われている。この地質活動のほとんどは、他の衛星との軌道共鳴で生じた内部潮汐加熱から生じた。たとえば、太陽系初期では、ミランダとウンブリエルの間に、ウンブリエルが一回軌道周回する間にミランダが三回回るという3：1の軌道共鳴があった。数百万年後、両者に軌道共鳴はなくなったが、ミランダの軌道は大きく変わり、きわめて離心率が大きくなった。離心率が大きくなり、天王星からミランダに及ぼされる重力が時を経て大きく変わったので、ミランダは常にさまざまな方向に引き伸ばされたり押しつぶされたりし、内部潮汐加熱が生じた。

天王星の内部加熱というテーマは実にさまざまな理由から興味深い。巨大惑星の質量そのものが、内部で発生する熱の要因になるので、巨大惑星は太陽から受ける以上の熱量を放射する。天王星の場合、生まれる熱量は太陽から受ける熱よりずっと少ない。大気中で記録された温度はマイナス二二四度で、これは全惑星中で最も低温だ。海王星は大きさや組成が天王星と似ているが、放出される熱は海王星の方が二・五倍以上も多い。

天王星が低温である理由は謎のままだ。見込みのありそうな理論の一つは、垂直に立っていた天王星が衝突を受けて倒れ、それにより熱の多くが核から放出された可能性に着目している。あるいは、大気中で垂直方向の熱伝導が存在しないだけかもしれない。惑星大気中の熱伝導は、物質の組成の違い、あるいは温度の違いで物質内の密度が変化して対流が生じることから起こる。

これらの変化や勾配は時が経つと徐々に消え、それにより惑星内の熱伝導の能力が減少するが、勾配が存在するほかの場所では熱伝導が続いている。天王星の場合、熱伝導が二重拡散対流という過程により制限されている可能性が大いにあり、その場合、大気の場所によって密度勾配が異なるため、対流の性質も異なり、これにより核からの熱伝導が実質的にできなくなる可能性がある。

天王星の内部構造については、天王星が太陽をどのように回るか、衛星が天王星をどのように回るか、そして、天王星と近くを通過する宇宙船とはどのように相互作用をするかを研究すると多くのことがわかる。これらの情報から、質量や物質の分布について多くのことが推論でき、赤道直径が五万一〇〇〇キロメートルほどだとわかれば、密度は一立方センチメートル当たり一・二七グラムという結論になる。これにより、天王星の密度は、一立方センチメートル当たり〇・六八グラムの土星と比較するとやや大きいことがわかる。このデータは天王星の全質量のほぼ八〇パーセントは氷であることを示している。

靄（もや）のかかった青いディスクの下は、大気、氷のマントル、ケイ素の岩石でできた核という三つの領域にはっきり分かれる。核の直径は一万二〇〇〇キロメートルほどと見られ、地球の核より少し小さいが、その状態は地球とは似ても似つかず、温度は約五〇〇〇度で、圧力は地球の地表の八〇〇万倍だ。このような圧力だと、マントル内の物質は氷と称されるものの、実際には、熱く高密な液状のアンモニアと、多くの点で氷として振る舞う他の揮発性元素からなるという異様な形態である。

大気はメタン分子に富むが、深い場所ではきわめて高圧なので、メタン分子は炭素原子と水素原子にばらばらになる。このような極限の状態では炭素原子は結晶化し、カリフォルニア大学の科学者がかつて「ダイヤモンドの雨」と表現した状態になる。この惑星のマントルの下にはダイヤモンドが液状になった海もあるかもしれない。もし、ダイヤモンドの海から上昇していくとすれば、大気の高度が上昇するにつれて、この液体は大気中で徐々に気体になるだろう。

すべての巨大惑星と同じように、天王星には固体の地表がないので、大気中の高度について議論するときは、そのデータは、大気圧が地球の地表の大気圧と等しくなる地点で取られることになるが、これはガス惑星の公称の直径の算出方法で、天王星の場合は五万一一二〇キロメートルになる。この高度より上は、大気が数千キロメートルにわたり広がっている。

大気の一般的な組成は、ほとんど水素とヘリウムの分子、それに、この惑星の青みがかった緑色のもとである多くのメタンである。天王星は木星や土星と違い、大気中に雲がまずないと言ってよく、事実、ボイジャー二号が到着したとき惑星全体で雲が一〇個しか見つからなかった。雲の生成の鍵を握る力は、一つには熱で、熱が大気中の気体の塊を移動させる。太陽から受ける熱量が少なく、内部加熱が少ないということは、天王星は冷たく雲がほとんどないということだ。この惑星を視覚的に観測するに当たり、近づいてクローズアップされた姿を見ても、これと言った特徴が何もない。

ボイジャー二号が訪れたときは、南半球が夏で太陽を向き、軌道の関係上、北半球の調査はできなかった。南半球には、南極の明るい極冠や赤道を取り巻くうっすらと暗い帯のような大規模な特徴がいくつかあることがわかった。極冠と暗い赤道帯のちょうど中間の緯度がマイナス四七度の場所には、明るい帯がある。この帯は天王星の中で最も明るかったので、「襟」と名づけられた。この襟と極冠は、標高ゼロキロメートルから見て約三〇キロメートル下にあるメタンの雲の濃い地域だと現在考えられている。

あなたは春分か秋分に天王星に着いたので、違う季節を見ることができ、それが惑星の特徴にどう影響するかもわかる。それほど驚くことではないが、南の襟は消えつつあり、北極周辺の北緯五〇度付近に襟が形成される兆しがあるので、明らかに、南極のあたりは暗くなる一方で、北極は明るくなっている。

このようなことから、天王星に届くわずかな太陽放射の量とともに、両半球が徐々に暖かくなったり冷たくなったりし、それにつれて両半球に雲が作られるという理論が裏づけられる。北半球では太陽の方を向いたときに他の雲もできるようだが、これらの雲と、南半球でこれと対になる雲との間には違いがあるようだ。南半球の雲はより大きく長く存在し、一方、北半球の雲の方が小さく明るいように見えるが、これはおそらく、こちらの方が高度が高く、入射光をたくさん反射するからだろう。

さまざまな高度の雲を調べると、風速と風向、さらにそれらが高度とともにどのように変化するかがわかる。極地方の風速はゼロだが、緯度が約六〇度付近になると秒速二五〇メートル（時速約九〇〇キロメートル）近くまで速くなり、風は惑星の自転とは逆の順行方向に吹く。

赤道に向かってさらに移動していくと、緯度が約二〇度付近に達するまで再び風速は遅くなり、もう一度無風になるが、これはこの緯度で温度が最低になるからである。赤道付近では風向が逆向き、あるいは逆行になって惑星の自転と同じ方向になり、風速は秒速一〇〇メートルを超す。

天王星の風速は地球を基準にすると速いように思われるが、「カルディ」が行く最後の主要惑星、すなわち海王星と比較すると大したものではない。天王星から海王星へ行くというと、頭の中ではほんとひと飛びのように思えるかもしれないが、実際にこの一番外側の二惑星間の距離を通過するにはさらに三年かかる。

＊

海王星と地球は、最接近時でも四三億キロメートル離れている。太陽系の本当の広さを目でとらえられるようにするのはとてつもなく難しいが、一つの方法は、もっと扱いやすい数字に距離をスケールダウンすることだ。仮に、太陽系での一〇〇万キロメートルが地球での二・八キロメートルに等しいとして、太陽をロンドンの中心に据えるなら、このスケールだと、太陽から最も近い惑星、水星は約一六三キロメートル離れたバーミンガムの位置にきて、金星はプリマスにくる(4)。

太陽からの距離がいつも約一・五億キロメートルである地球は、マン島の位置で、赤い惑星の火星はプラハにくるが、ここまでくるときっとかなりの異文化の体験だ。惑星間の距離はその後きわめて大きくなり始める。木星は二二〇〇キロメートル離れてエジプトの位置にきて、環を持つ土星はイラクだ。今訪れたばかりの天王星は極東の中国の位置になり、この旅の最後の惑星である海王星は世界の裏側のニュージーランドだ(5)。

宇宙旅行は辛抱強くないとできない。

この旅程では、ビロードのように黒い宇宙を背景に青く明るい海王星が前方に終始はっきりと見えるだろう。この青の色合いは天王星のアクアマリンとは少し異なるが、これまで見てきたように、それは両者の化学的組成による。

海王星は太陽からの平均距離が四五億キロメートルの軌道を回り、一周に一六四年間かかる。実際には天王星と同じような氷の巨大惑星で、直径は地球の約四倍だが、私たちの故郷の地球と似ているところがある。海王星は一六時間六分で一回自転し、これは、地球の自転より約八時間短いだけなので、海王星の一日は地球の一日と似ている。自転軸も似ていて、海王星のそれは黄道面を基準にすると〔その法線方向に対して〕二八度傾いているが、地球の傾きは二三度強である。これは、海王星には地球とよく似た季節があるが、軌道周期がはるかに長いため、季節は四一年間続くということだ。

天王星のように、海王星の形成も依然として科学的議論の対象である。標準的な理論は、降着円盤が現在の軌道を回る中で、これらの惑星が凝縮してできたのではないかと言うが、一つ問題なのは、海王星の近くには小さな天体が存在し、この場所に海王星のような主要な惑星ができたら、これらの天体は間違いなく一掃されたはずだということだ。それに、降着円盤が惑星を作ったというが、この距離だと物質の密度が不十分だったはずだとも信じられている。そうではなく、氷でできた二つの巨大惑星は、もっと太陽に近い、物質の密度が高かった場所で形成され、その後降着円盤が一掃されたあと、さらに外側の現在の場所に移動した可能性が高いとされ、この理論はニース・モデルと言われる[6]。

海王星は天王星によく似ているが、近づいて眺めると、特に、木星の大赤斑を思い出させる大暗斑のような目立つ特徴がいくつかある。大暗斑も高気圧のすさまじい嵐で、大きさは一万三〇〇〇キロメートル×六六〇〇キロメートルといくぶん小さいが、それでも差し渡しが地球の直径ぐらいはある。この嵐は、一九八九年にボイジャー二号が海王星に接近したときに発見されたが、一九九四年にハッブル宇宙望遠鏡が向けられたときには嵐は消えていた。

ハッブル宇宙望遠鏡は別の嵐を見つけたが、今度は北半球だった。「大暗斑」という用語は、今ではある特定の斑点ではなく、もっと一般的に海王星の大気で見られる暗い斑点に対して使われる。太陽系における最大風速が記録されたのは、GDS‐89と言われる最初の斑点の周辺だが、これは、時速二四〇〇キロメートル〔秒速約七〇〇メートル〕というコンコルドの最高速度よりさらに速いというおそるべきものだった。

この斑点には何の特徴も雲もないようなので、渦のようなものかもしれず、私たちが見ているのは、メタンの雲の中にできて、大気の奥深くをおそらく対流圏まで覗き込むことができる孔の一番上の部分の可能性がある。この斑点の縁のまわりには、メタンの氷の結晶からなり地球の巻雲に似た白い雲が作られているようだ。

メタンの雲は斑点自体よりも長時間見え、なかなか消えないことから、穴が閉じたり不明瞭になったりしてもその前に斑点がどこに存在したかが正確にわかる。GDS‐89の消滅がわかったハッブル宇宙望遠鏡の観測から、海王星の暗斑は、四〇〇年以上も見えている木星の大赤斑とは対照的に短命で、数ヵ月間か数年間しか続かないことが窺われる。[7]それらは赤道に近づくにつれて消滅するだけかもしれないが、おそらく消滅には、まだ知られていない他のいくつかの過程が関連すると思われる。

海王星で見られる雲や風速は、ひとつには内部加熱も原因となっている。海王星の受ける太陽エネルギーは天王星の二分の一以下で、天王星からさらに一六億キロメートルも離れている。にもかかわらず両者の温度はほぼ同じである。大気圧が一バールの高度ゼロレベルの場所では温度はマイナス二〇一度だが、同じレベルでの天王星の温度はマイナス一九七度である。

これに対する唯一の説明は、海王星には現在の概算値で、太陽から受けるエネルギーと比較して二・六倍の熱が発生し広まっているはずだというものだ。だが、内部加熱の源はわかっておらず、特に、天王星は多くの点できわめて海王星に似ているのに、生み出す熱は明らかに少ない。最も一般的な理論は、この熱は惑星の形成時から残っているものにすぎないというものだが、すでに見てきたように、これは天王星で観測された事実に反するように思われる。

天気の変化はすべて熱により駆動されている。その熱が外部（太陽から）のものだろうと内部のものだろうとそうである。一般に、海王星内部の熱源は一年を通じてほぼ一定していると考えられるが、惑星が冷えるにつれてほとんど気づかないほど少しずつ減っていくだろう。だが、ある場所で太陽から受ける熱量は、太陽への向きの変化とともに変わるはずだ。

これを知る一つの方法は季節の変化の中にある。海王星では、季節の変化と大気の大規模な動きが突き止められ、それとともに、メタンとエタンの濃度が赤道周辺で一〇〇倍も高くなることから、気体は概して赤道周辺では上昇し、極周辺では下降していることが暗に示される。南極の対流圏の温度が他の場所より数度高いことも、季節の変化を示唆している。

南半球が夏の間は、温度は、凍ったメタンが気体になり宇宙空間へ逃げていけるほど上昇する。これにより、南極は周辺より少し明るく見えるようになるが、海王星で一年が過ぎていき、北極が太陽の方を向くようになると、北極が暖かくなり始めて明るくなる。季節により極地方が暗くなったり明るくなったりする過程は、天王星でも同じものが見られた。

天王星との類似はまだある。海王星の大気はほぼ水素とヘリウムからなるが、ごくわずかメタンが混ざり、この温室効果を持つ気体が赤色光を吸収するため、この惑星は目映いばかりの青色をしている。海王星の大気は四つの領域、すなわち、対流圏、成層圏、熱圏、外気圏からなる。私たちが見る雲は対流圏のさまざまな高度で発生することが多く、雲の性質はその高度で決まる。

上層部に行くと大気圧はメタンの雲ができるほど低下するが、下層部の方は気圧が上がり、それにつれて硫化水素とアンモニアの雲が見られるようになる。さらに下層では大気圧が地球の地表の約五倍に上がり、ここでの雲は硫化アンモニウムと水からなる。さらに最下層まで進み大気圧が増すと、硫化水素の厚い雲がある。

大気自体は惑星の全質量の約一〇パーセントで、残りの九〇パーセントは核とマントルである。マントル中の物質の量は地球のマントルの約一五倍だが、岩石の塊ではなく、アンモニアと水でできた熱くきわめて高密度の液体である。だが、この水は私たちにお馴染みの海のような水ではない。それというのも、上記のような条件だと、水素と酸素はそれぞれイオンに解離してきわめて伝導性の高い液体になっているからである。

マントルの下層部では高圧のため、メタンが水素と炭素に分離してダイヤモンドの雹(ひょう)が作られるが、これは天王星の深層で見られる過程にきわめて似ている。さらにマントルの奥深くに入り圧力が上昇すると、ダイヤモンドの海ができてダイヤモンドの氷山が浮かぶという説もある。だが、今のところはこの説を支持する直接的証拠はほとんどないので、すこぶる空想的な理論に留まっているが、もしこのようなものが存在すれば、それは私たちの地球でお馴染みの、垂涎の的のダイヤである可能性がある。

海王星のマントルの下は核である。核は鉄とニッケルが混じったケイ酸塩の岩石で、全体の質量は地球の核の約一・二倍で、大きさはほぼ同じである。厚さ数千キロメートルもの液体と気体に埋もれたこの場所は、地球の地表の七〇〇万倍というとてつもない圧力になり、温度は、太陽の可視的表面とほとんど同じくらい熱く五〇〇〇度を超す。

また、海王星のまわりにはどこか天王星を思わせるリング・システムがある。メイン・リングは、内側からガレ環、ルヴェリエ環、一番外側のアダムス環の三本しかない。それらは、幅二万一〇〇〇キロメートルにわたって広がり、多数の氷の粒子は炭素物質が覆っているので、鈍い赤色をしている。恒星との掩蔽現象を観測した結果、この環にも空隙があるとかつては考えられていた。海王星が恒星の手前に近づくにつれて恒星は見えたり消えたりしてまたたいたが、いったん海王星が通り過ぎるとまたたきが止まったのだ。

だが、ボイジャー二号がこの環を訪れたときは空隙はなく、密集構造だけであることが明らかになった。一番外側のアダムズ環はその好例で、密度が高くなっている〔環が途切れた〕弧状の構造が五本確認されている。この塊は、リング・システム中を回る小さい衛星が重力的影響を直接及ぼしてできたと考えられている。アダムズ環を作ったのは近くの衛星のガラテアである。環は、衛星から常に引っ張られ続けて分裂し、地質学的短時間で変化が起こるようなので、今日見られる環の一部は数世紀以内に消えるかもしれない。

海王星を回る衛星はガラテア以外に一三個あり、それらは二つのカテゴリーに分かれる。海王星に最も近いのは、海王星と同じ方向に自転する七個の普通の衛星で、これらは皆、赤道面に存在する。これは、軌道面が赤道面に対して傾き、海王星から離れて大きくつぶれた楕円形の軌道を逆行する不規則衛星とは対照的である。この大まかな分類に当てはまらない衛星が一つあり、それはトリトンである。トリトンは、その軌道の方向を考えれば外側の不規則グループに属することになるが、他の不規則衛星とは異なり海王星からの距離が近い。

トリトンは、海王星発見のわずか一七日後にイギリス人天文学者であり醸造家であるウィリアム・ラッセルが発見した。それは海王星の衛星の中でずば抜けて大きく、質量では海王星を回る物質の九九パーセントを占め、直径は二七〇〇キロメートルで太陽系で七番目に大きい衛星である。このようにトリトンは十分な大きさがあるので、ほぼ球形に進化した。惑星を逆行するのは衛星に珍しいことではなく、逆方向に海王星を回る衛星は他に三つある。逆行軌道を持つ衛星は他にも木星、土星、天王星にあるが、それらはみな、惑星からの距離がはるかに遠い。だが、トリトンは珍しいことに、軌道距離が三五万四〇〇〇キロメートルしかない。

逆行軌道を回る衛星が、惑星が作られたもとの星雲の同じ部分から作られたことはありえない。その組成や軌道の逆行を考慮すると、トリトンはカイパーベルトから捕捉された天体かもしれない。そのような可能性のあと、トリトンは軌道がほぼ円形になった。楕円軌道が円軌道になる理由としてよく挙げられるのが潮汐力だが、トリトンの場合、これほど軌道に影響するような潮汐力が存在したとは思えない。

それより、海王星を取り巻く塵のディスクから強い抵抗を受け、それでトリトンが減速して円軌道になった可能性の方が高そうだ。潮汐力は衛星を常に引いて減速させているため、潮汐の相互作用は今でもまだトリトンの軌道進化に影響を及ぼしている。時が経ち、太陽系形成からの経過時間とほぼ同じ四〇億年が過ぎるころには、おそらくトリトンは海王星に非常に近づくため潮汐力に破壊され、新たな環を作るかもしれない。

トリトンは海王星のまわりを一周するのに五・八日かかるが、自転にも五・八日かかるので、私たちの月がいつも同じ面を地球に向けているのと同じように、トリトンも海王星にいつも同じ面を向けている。これは自転と公転の同期と言われる関係で、多くの惑星と衛星に見られる。事実、科学の力の粋である《現実棚上げ装置》に乗ってトリトンの地表に少し降りてみると、眺望の開けたこの場所から物事はきわめて奇妙に見えるようになる。

地球の地上では、天体は東から昇り西に沈むのがお馴染みの光景だが、トリトンは公転と自転が同期しているので、海王星はトリトンの頭上で動かずにいる。しかも、それはあまりにも巨大なはずだ。その大きさは天空で約八度角にわたり、これは地球から見える満月の一六倍の大きさだ。トリトンの自転軸は、海王星を回る軌道面に対する角度が現在四〇度なので、この二つが合わさって太陽のまわりを回ると、トリトンの両極は交互に太陽をさす。衛星で太陽に向く面が変わるということは、そこに季節の変化があり、各シーズンが約四〇年間続くということだ。

トリトンの最も興味深い側面はおそらくその大気で、表面にはいくつかの特徴が見られる。表面は凍った水、窒素、二酸化炭素でできており、密度を測定すると、全体の四五パーセントが氷、残り五五パーセントが岩石で、その組成が冥王星に多少似ていることが窺われる。トリトンの地表に氷が大量にあるということは、その反射率がきわめて高いということだ。事実、光の反射量は私たちの月より六倍ぐらい多い。

このことはトリトンの発見に一役買った要因の一つで、反射率がもっと低ければかなり見えにくくなる。地表には、リッジやトラフに始まり氷でできた平原や高原まで目に見えるさまざまな型の地形がたくさんある。その存在が認められないのが、太陽系では一般的な地形であるクレーターである。クレーターがないということは、トリトンの地表が地質学的に若いということで、その年齢は五〇〇〇万年から五〇〇〇〇万年の間である。

もっとはっきりと目に留まるであろうものの一つは、ボイジャー探査機が最初に発見した暗い縞模様である。この縞模様は、窒素の間欠泉のようなものと関係があることがすぐに認められ、噴出の際に巻き上げられた地下の塵でできていた。間欠泉は、太陽が頭上にある場所の方が地表から勢いよく湧き出るので、太陽熱は弱いながらも間欠泉の源と何かしら関連があることが窺われる。

ある理論では、太陽放射は薄い氷の地殻を突き抜けて、その下の岩石の表面を暖めているのではないかと提唱している。氷の下の圧力が増して臨界レベルに達すると、高さが時に八キロメートルにも達する間欠泉のような噴出が生じる。多くの噴出は地球の一年間に相当するほど続き、風下に向かって二〇〇キロメートルも縞模様が伸びるほど塵が噴出すると考えられる。これらの事象は、太陽熱ではなく内部の熱により活動するほかの氷火山とは異なるものの、氷の性質を持つため、氷火山と呼ばれるようになった。

この縞模様の発見はトリトンには大気があることを伝えており、それというのも、もし風があればそこには大気があるはずだからである。だが、その大気には外部太陽系の衛星の大気のような密度はなく、その希薄さも一つの理由となり、氷火山の噴出物は高度八キロメートルに達することがある。恒星が衛星や惑星の後ろを通過したときの光の消え方を観測すれば、衛星やさらには惑星の大気について多くのことがわかる。

天体からくる光は、たとえば〔恒星が〕月の後ろを通過すると、徐々に見えなくなったり瞬いたりせずに瞬間的に消える。このことは、月のまわりには感知できるほどの大気は存在しないことを示している。トリトンの背後を通過した恒星を観測すると、その大気は約八年前にボイジャーが記録したときよりも濃く、地表の温度も五パーセント程度だが少し高いことがわかった。これらの重要な観測は、当時そこはおそらく夏に向かう時期であり、平均温度が上昇していたことを示していた。

窒素は大気組成の主な物質で、そこにメタンと一酸化炭素が少し加わる。窒素の大半は地表の氷が徐々に昇華したものだ。その温度は地表のマイナス約二三七度から始まり、標高が上がり高度約八キロメートルの対流圏と成層圏の境に達するまで徐々に下がっていく。

地球や太陽系の他の多くの天体では対流圏の上は成層圏で、そこから温度は、高度が上がるとともに下降せずに上昇し、温度により気体が層に分離する。だが、トリトンに成層圏はなく、対流圏は成層圏と似た性質を持つ熱圏に変わり、紫外線放射が入射してイオン化が生じる結果、高度が上がるとともに温度が上昇する。

そこでは、気体が、温度ではなく分子量にしたがって別々の層へ分離していくため、成層圏とは異なる（分子量とは、分子内のそれぞれの原子の質量にその原子の数を掛けて、それらを足した値である）。熱圏が高度約九五〇キロメートルに達すると、その上は外圏である。外圏は宇宙空間との境目になる大気の一番外側の層である。その分子はまだ重力で惑星とつながっているが、ほとんどの気体で起こる分子の相互作用はなくなりがちになる。

トリトンは衛星の中でも圧倒的に興味深く、だからこそあなたはそこに立ち寄るのだが、海王星の衛星の中で少し注意を向けてもよいものはほかに一三個ある。トリトンと同じカテゴリーに属するのは、ネレイド、ハリメデ、サオ、ラオメデイア、ネソ、プサマテである。ネレイドは海王星と同じ方向に軌道周回するが、軌道は大きくつぶれた楕円形で、一番近い点で一四〇万キロメートル、遠い点で九七〇万キロメートルである。つまり、離心率が大きい。

離心率ゼロは完全な円軌道で、離心率一は放物線脱出軌道だが、離心率一の天体は実際にはその惑星系の外に出る。ネレイドは離心率が〇・七五であることから、トリトンのようにカイパーベルトから捕捉された天体か、あるいは、以前は内側の規則衛星に属していた天体であるという結論になる。もし後者なら、衛星の出現とその後のトリトンとの重力的相互作用が、軌道をいとも簡単にゆがめて今日のようなものに変えた可能性がある。

規則衛星の方が不規則衛星より海王星に近く、海王星からの距離の順に並べると、ネレイド、タラッサ、デスピナ、ガラテア、ラリッサ、S/2004N1、プロテウスとなる。一番小さいのはS/2004N1で、直径約一五キロメートルである。その名が暗に示すのとは違い発見は二〇一三年だったが、「2004」は、この年ハッブル宇宙望遠鏡により撮られた画像にこの衛星が映っていて、最初に記録されたのが二〇〇四年だったという事実による。これらの衛星はすべてリング・システムと何らかの関係がある。

ガラテアがアダムズ環の特徴を作ったことはすでに見てきたが、ナイアドとタラッサはガレ環とルヴェリエ環の間を回り、一方、デスピナはルヴェリエ環のみの羊飼い衛星である。内側の衛星はみな、トリトンに捕捉されて破壊的で混沌とした期間が起きたあとに形成された可能性がある。そのとてつもない質量はこれらの内側の衛星をかき乱し、いくつかを放り出し、きっと残りの衛星の軌道を乱暴に変えて衝突させ、その結果衛星を破壊しただろう。時が経ち、トリトンが現在の軌道に定まっていくと全体は落ち着き、塵は、海王星の近くに残されたものから重力により徐々に合体していき、こうして、今日見られるような内側の小さい衛星や環が形成されていった。

海王星の系にはほかに二つの天体があり、これらは衛星と言うより軌道を共有していると言った方がよい。それらは海王星のトロヤ群衛星で、ラグランジュ点のL_4に見られる（ラグランジュ点については すでに見てきたが、三天体の重力が釣り合う地点である）。L_4は海王星の六〇度先にあり、ここに六つのトロヤ群衛星があり、さらに三つは海王星の六〇度後方ののL_5にある。これらはみな、トロヤ群の定義により、海王星と同じ周期で太陽のまわりを回り、その軌道はほぼ同じである。

2005TN53という三番目に発見されたトロヤ群小惑星の発見は重要で、それというのも、その軌道が海王星の軌道面に対して約二五度傾いていたことがわかったからである。このことは、この地点には多くのトロヤ群衛星がハエの群れのように集まっている可能性が高いことを示している。

*

この旅程では海王星の衛星系を通るが、トロヤ群の近くへは行かない。残念ながら、赤く暗いその姿は、光学機器なしに黒い宇宙空間の中から見つけ出すのはほとんど不可能だ。だが、このルートでは海王星で最大の衛星のトリトンの近くを通り、リング・システムの先端をかすめるように飛んで海王星の近くをフライバイした。その時海王星は最後の加速を宇宙船に与え、秒速一七キロメートル以上になった。この速度なら地球をたった三八分で回ることができる。

惑星による最後のフライバイは「カルディ」を加速させるだけでなく、宇宙船の軌道を修正して最後の目的地へ向かうコースに入れるようにもする。そこは冥王星でも（太陽系に一番近い恒星の）プロキシマ・ケンタウリでもなく、てんびん座の中のグリーゼ五八一[8]という、二〇光年の距離にある恒星である。もちろん、その恒星から光が届くには二〇年かかり、現在の「カルディ」の速度だとそこへ行くには約三五万二〇〇〇年かかる。だが、イオンエンジンが役立つのはこの旅程なのだ。

イオンエンジンが長時間移動していると速度が徐々に増し、宇宙船はおそらく秒速約二五キロメートルになり、旅行時間が二三万九〇〇〇年に短縮されるだろう。これだけ膨大な距離になると、有人飛行は明らかにある種の自殺行為になるはずだが、幸い、星間空間に入ったら、「カルディ」は無人で宇宙旅行を完遂できるように残され、《現実棚上げ装置》があなたをお馴染みの快適な地球に帰してくれるだろう。飛行時間を大幅に短縮する方法は、ほかにも核パルス推進[9]のようなものがあり、その場合、核爆発を何回か起こさせて宇宙船を推進させ、最大速度を秒速約一〇〇〇キロメートルにする。これだとグリーゼ五八一まで行く時間はたった六年に短縮できるが、現時点では理論だけのアイディアにすぎない。

グリーゼ五八一は、太陽質量の約三分の一の比較的普通の赤い恒星だが、この星が選ばれたのは、まわりに三つの惑星があり、そのうちの一つのグリーゼ五八一cがグリーゼ五八一から二一〇〇万キロメートルの距離にあると見られているからである。二〇一〇年にこの惑星が発見されたときは興奮を呼び起こしたが、その理由は、地表に液体の水が存在し、おそらく生物が進化できる条件が整っている生息可能なゾーンをこの惑星が軌道周回しているからである。

だが、あなたが星間空間に入る最初の人類になる前に、太陽系の一番外側の領域を探査しなければならない。

第９章

深淵の宇宙へ

冥王星

地球を発って今や一七年、地球に一番近い恒星である太陽の恐るべき力を直接見て、不注意な宇宙旅行者にどのような影響を及ぼすかを目の当たりにした。内惑星を旅行し、クレーターに覆われた水星の地形を眺め、人間を拒絶する金星の環境を経験した。そして、多くの無人宇宙探査機が訪れた火星の地表を歩き、足跡を残した最初の人類となった。

「カルディ」の覗き窓から見える木星が少しずつ大きくなっていく間、物事を考える時間はたっぷりあった。木星と土星がともにクローズアップしていくのは実に壮大な眺めで、土星の環を間近に見たときは魔法にかけられたようだった。巨大な天王星と海王星の謎めいた氷の世界のすぐそばをゆっくり進むのは、きわめて信じがたい、まさに一生に一度の旅にふさわしい締めくくりだった。だが、旅はまだ終わってはいない。

後方にはお馴染みの太陽系の惑星があるが、前方には何があるだろう？　天王星と海王星の発見は、概して数学と科学の見事な勝利だった。天王星は、ハーシェルがおうし座の恒星を調べていたときに偶然発見され、その後、天王星の軌道の数学的な解析から海王星が見つかったことを憶えているだろう。そして、天王星と海王星の軌道が慎重に調査されるとさらなる摂動があることがわかった。太陽系の深部には、この二つの巨大な氷惑星をそっと引く惑星がもう一つ存在する可能性があるようだった。

この発見への挑戦を任されたのは、アリゾナ州フラグスタッフのローウェル天文台の創設者である天文学者、パーシヴァル・ローウェルだった。ローウェルはこの探索に着手し、まだ確認されていない九つ目の惑星が存在する可能性のある場所をすぐにいくつも突き止め、この惑星はすぐに「惑星

X」と名づけられた。残念ながら彼は、自分のチームが二度も「惑星X」の画像が撮れたことを知らずに亡くなった。クライド・トンボーもローウェル天文台で働いていて、一九二九年から一九三〇年に数日間の間隔をあけて空の同じ場所を写真乾板に撮り、それらを比較していた。そして、一年間にわたる辛抱強い作業ののちかすかに光る天体が動いているのを突き止め、これは結局、冥王星（Pluto）と呼ばれるようになった。太陽系の全体像はこの発見で完成したと思われた。

惑星Xの問題については、冥王星の暗い衛星であるカロンが一九七八年に発見されるとまたむしかえされた。天文学者はカロンから冥王星の質量を正確に算出することができた。その質量が地球のわずか〇・二パーセントであることがわかると、冥王星は小さすぎて、その摂動では天王星や海王星の軌道に観測できるほどの影響を及ぼせないことがすぐに判明した。一九八九年にボイジャー探査機が海王星のまわりをフライバイすると、海王星の質量が算出できた。ボイジャー探査機のデータにより、この巨大な惑星の質量が〇・五パーセント少ないことが判明し、海王星質量の新たな値を天王星の軌道計算に再度当てはめると摂動が見事に説明できた。結局、これにより、惑星Xの必要性はなくなった。天王星と海王星はまさにしかるべき動きをしていたのである。

冥王星の発見は単なる幸運だったようにも思われる。入念な科学的観測から、惑星Xは決して存在しないことが示され、これまで説明がつかなかった天王星の軌道の変化が造作もなく説明できた。だがこれは、私たちの太陽系が完結し、深宇宙に他の主要な惑星が絶対発見されないことを意味するのか？　そのような発見のチャンスはきわめて少ないように思われる。ボイジャー探査機とパイオニア探査機は現在星間空間を目指しているが、どちらからも未確認の惑星の存在は検出されていない。

とはいえ近年、太陽系外縁でいくつもの特徴が観測され、それにより惑星Ｘは徐々に復活中である。これらの中で最もよく認められるのは、いわゆる「カイパークリフ」[1]だ。カイパーベルトは海王星の軌道よりさらに遠い場所に発見され、火星と木星の間の小惑星帯を拡大したようなものだと考えられるが、太陽からさらに離れていることが大きく影響し、組成には凍った水、アンモニア、メタンのような成分が増加する。冥王星と他の多くの「海王星以遠」[2]天体（太陽系外縁天体）は、今ではカイパーベルト天体と考えられている。

カイパーベルト天体は太陽から遠ざかるにつれて徐々に減少するという想定は、理に適っているが、実際には、このベルトは約四八天文単位（約七〇億キロメートル）のところで突然終わる（憶えているると思うが、一天文単位（ＡＵ）は地球‐太陽間の平均距離である）。一部の科学者は、おそらく地球ほどの大きさの未確認惑星がこの距離で太陽を回り、その結果カイパークリフができたと信じている。このような天体があれば、ベルトが突然終わることの説明がつくし、いくつかの天体がなぜ別の軌道へ放出されたようであるかも説明できる。

カイパーベルトのはるか先には、内部オールト雲という氷の天体の領域がもう一つあり、これは、理論的には彗星が生まれる場所とされているオールト雲の一部と考えられている。二〇〇三年、内部オールト雲の一員ではないかと最初に言われた天体が発見され、セドナと名づけられた。セドナは氷でできた直径約一〇〇〇キロメートルの天体だが、これが注目され、天文学者が大いに興味を持った理由は、その楕円軌道が大きくつぶれていて、太陽に最も近い点〔近日点〕はわずか一一三億キロメートルなのに、最も遠い点〔遠日点〕は信じがたいことに一四〇〇億キロメートルと、地球‐太陽間の九四〇倍もあるからである。

この数字を太陽から冥王星までの平均距離の五九億キロメートルと比較すると、セドナがどれほど遠いかわかるだろう。この距離になると、地球からの観測では周期一万一四〇〇年の軌道のごく一部しか見ることができない。この短い時間帯以外は遠すぎて観測できないのだ。科学界が本当に興奮したのは、その軌道の性質と軌道がそうなった原因だ。おそらく、近くを通る恒星がその軌道を内部オールト雲から移動させたのだろう。それは、太陽と一緒に作られたほかの恒星により太陽系外縁へ出されたのかもしれない。あるいは、現時点では探知できない範囲に存在する惑星サイズの天体が別に存在し、それによって軌道が変えられたのだろうか？

内部オールト雲ではないかと思われるもう一つの天体、2012 VP113 が発見されると、天文学者たちは、非常につぶれた楕円軌道を回るこれらの天体の理解に一歩近づいた。2012 VP113 は、太陽からの距離が近日点では一一九億キロメートルまで接近し、遠日点では六七〇億キロメートルに遠ざかることがわかった。この型の天体があと数個見つかれば、軌道を詳細に調べてそれらの性質と起源が推測できるだろう。

セドナや 2012 VP113 とは違い、冥王星はカイパーベルト天体と考えられており、軌道上で支配的な重力を持たないため、二〇〇六年以降は準惑星として分類されるようになった。冥王星は、五個の天然衛星とともに太陽を二四八年で周回する。衛星の中で最大なのは直径一二〇〇キロメートルのカロンで、対する冥王星は直径二三六八キロメートルである。カロンは冥王星よりも軽く、1.5×10^{21} キログラムだが（冥王星の質量は推定で 13×10^{21} キログラムで、地球の〇・二パーセントである）、それらの質量の桁はほぼ同じなので、両者の重力が釣り合う地点は冥王星の地表上空にある。

天体の質量が同じときは、重心と呼ばれるこの点は二天体の完全に中間にくるはずだが、どちらかが重ければ重心は重い天体の方に移動する。太陽系の主要な惑星はすべて、衛星と比べて質量がはるかに重いため、重心は、惑星の中心付近にはない場合も、少なくとも惑星内部のどこかに収まる。

冥王星について、宇宙探査でより多くのことを知るのは、冥王星の質量が小さいため難しい。宇宙船を太陽系のこれほど遠くまで送るには、太陽の重力による引力に対抗できるくらい高速で飛ぶ必要があるが、冥王星の質量は小さいので、ここまで飛ぶような宇宙船が冥王星の重力に捕捉されることはありえず、近くをまっすぐ通り過ぎるだけだ。二〇〇六年に打ち上げられたニューホライズンズのような計画では、近くから観測できたのはせいぜい二日間で、表面の細部を研究できる機会は短かった。ありがたいことに、これほど距離が遠くても、ハッブル宇宙望遠鏡はこの目立たない惑星の性質を適切に理解できるよう細部まで記録できてきた。

ハッブル宇宙望遠鏡以前は、冥王星の地表の地図を作成しようとする最初の試みには、冥王星がカロンに掩蔽される瞬間のきわめて注意深い観測があった。衛星のカロンは、冥王星の前を通っていくときに冥王星の明るい部分と暗い部分を少しずつ隠していったので、全体としての明るさが変化した。そして、この変化を調査することから、地表の特徴についてきわめて大まかな地図が作成できたのだ。

その結果、地表は明るさ（反射率）だけでなく、色も暗い灰色から暗いオレンジ色、白色まで非常に大きな変化があることがわかった。最初の数年間の観測では北極地方が明るく、南極地方が暗かったので、自転軸の傾きによる季節の変化があることが窺われる。色も変化し、以前より少し赤みが増したようだが、これは、地表の化学物質が大気中へ昇華した結果かもしれない。地表のスペクトル調査を行なった結果、ほとんどは窒素の氷で、メタンと一酸化炭素の氷が少量混じることがわかった。カロンによる冥王星周囲の軌道運動を調べ、さらにこの準惑星の体積を知ることで、全体の密度が一立方メートル当たり約二〇〇〇キログラムであることがわかる。これは、冥王星の約七〇パーセントが岩石で三〇パーセントが氷であることを示唆している。元素の放射性崩壊により熱が放出されると氷が溶け、岩石から分離して冥王星の構造に分化が生じる。

もし、冥王星がこのような構造に進化したとしたら、核の直径は約一七〇〇キロメートルになり、まわりを厚さ三〇〇キロメートル以上の氷のマントルが覆うだろう。現在の放射性崩壊が核とマントルの境目にある氷を完全に溶かし、地下に液体の海ができる可能性があることを一部の科学者が示唆しているが、このような海が本当に存在するかどうかの解明にはさらなる研究が必要だ。

地表全体はほぼ窒素の氷からなり、そこに一酸化炭素とメタンが少し加わる。観測された季節変化は冥王星の薄い大気と関連する。季節は惑星の自転軸の傾きの影響を受ける一方、太陽と冥王星との距離も影響する。冥王星から太陽までの距離は、近日点では地球 - 太陽間の距離の二九・六倍だが、遠日点では四八・八倍だ。

冥王星が太陽に近づいたときは、地表の氷がより多く昇華して大気が濃くなるが、太陽から最も離れて温度が一番下がるときは、大気中の気体は凝結という過程で直接固体に戻る。地表と大気間の物質の移動は、時の経過とともに冥王星の地表の様子が変化する主な理由の一つである。

冥王星の大気についてわかっていることの多くは、恒星が冥王星の背後に隠れたときの観測から得られた。冥王星に大気がなければ、その後ろを通過する恒星はほんの一瞬で消える。大気があれば、恒星の光は徐々に消える。冥王星の地表での平均大気圧は、地球の地表の大気圧の六〇万分の一から太陽に接近して大気圧が上昇したときの二四万分の一まで変化する。

*

冥王星に着いたときにはいろいろな感情がこみ上げるはずだ。今や格下げされたこの惑星は、太陽系の無数の小さな岩石の塊の中で特別な地位を維持し続けるだろう。ニューホライズンズ計画を除けば冥王星はおよそ十分探索されたわけではないので、これは氷に覆われた前哨基地を見渡す素晴らしい機会である。

地表にはじめの一歩を恐るおそる踏み出すとき、あなたは空の太陽に目をやる。太陽光は地球で見るよりずっと弱いとはいえ、驚くことにこの距離でも実に明るく、地球で見る満月の約二〇〇倍なので、直視するにはまぶしい。冥王星は、到着時には太陽から最も遠い距離〔遠日点〕に近づいていて、軌道の離心率がきわめて大きいことによる距離の変化で地表の温度が変わる。

あたりを動き回ると、予想通り月面を動くのとそれほど違わない。重力がとても小さい中で（地球の約一六分の一）一番簡単で効果的に移動する方法は、跳ぶことだ。だが、特に勇気をふるいたくないなら、あまり頑張って跳んではいけない。脱出速度が秒速約一・二キロメートルだから宇宙空間へ漂っていく危険はないが、ほとんどの人はジャンプの初速が秒速四メートルに達するので、かなりの高さに上がってしまうことは間違いない。地球で一メートルぐらい跳ぶことができる人が、同じ力で冥王星で一回跳べば、約三〇メートル舞い上がるので、高さのことはよく考えなければならない。

着地で足をすべらせないようにも注意しなければならない。地面はゆるく固まった物質で、平らではなくあちこちにクレーターがあき、加えて凍っているので、簡単にすべる。だが、もしすべっても地球のようにすぐに地面に落ちることはなく、そっと着地するはずだ。転倒を防ぐために手を伸ばす時間はたっぷりあり、地表に散らばっている表面がギザギザの石で宇宙服をだめにすることはどうしても避けたいなら、手を伸ばすことだ。

冥王星は、訪れて歩行してきた惑星の中で一番奇妙に見える。不気味な光、凍った地表、家を飛び越せるような超人的な跳躍力が備わることで、この最後の旅が思い出深いものになった。宇宙船に戻ろうとして太陽を振り返り、ひと休みすると、インクのように黒い空のどこかに地球があるのがわかるだろう。一瞬ホームシックにかかり、孤独を感じて目から涙があふれるが、ここでは重力がとても弱いので、涙が顔を伝い落ちることはない。

*

冥王星の起源にはいくつもの説がある。初期の理論の一つでは、冥王星はかつて海王星の衛星で、トリトンが海王星系にきたときに冥王星を軌道の外に放り出したのではないかと提唱されていた。今日ではその可能性はないとされているようで、それというのも、冥王星が海王星より太陽に近づくにしても、軌道の交わる場所ではないからである。一九九〇年代初期に、氷と岩石でできたもっと小さい天体が海王星以遠の軌道で発見されたことにより、話の全体像が見え始めてきた。海王星以遠にあるこれらの天体は、とりわけ、大体の大きさ、組成、軌道特性といった特徴の多くが冥王星と共通するようなので、冥王星は今ではこの集団の最大の一員として認められている。

カイパーベルトとカイパークリフについてはすでに少し見てきたが、太陽から約四八天文単位離れたカイパークリフにくると、カイパーベルト天体が突然減るようだ。今では一〇〇〇個を優に超えるカイパーベルト天体が知られており、そのほとんどは氷と岩石からできており、太陽系の形成以来一度も惑星になることがないまま残っている小さな天体であると思われる。これらの小天体は、外部太陽系が形成され、巨大ガス惑星の軌道が定まるにつれ、巨大ガス惑星から大きな影響を受けた。カイパーベルトの形成とその現在の構造に大きな影響を与えたと思われるのはまさにこの事象である。

結局、木星と土星は、5：2の軌道共鳴を持つ今の軌道に落ち着いたので、木星が軌道を五周する間にこの二つの強力な惑星どうしは三回出会う。木星と土星間の軌道共鳴の影響は、結果的に外部太陽系全体が受けることになり、両惑星は天王星と海王星の軌道を乱した。特に、海工星は、軌道の離心率が少し大きくなり、外側の惑星間空間の方へ押し出された。このことは、今ではカイパーベルトの一部になった（太陽系初期の）微小天体にも大きな影響を与え、それらは宇宙空間の彼方へ放出され、冥王星と同じように軌道の離心率がはるかに大きくなった。多くの天体が宇宙空間へ放出され、その数はもとの半分以下に減った可能性すらある。

木星の巨大な重力が小惑星帯の進化を支配したのとまったく同じように、海王星もその先にあるカイパーベルトの発達に影響を及ぼした。海王星が現在の軌道に存在することにより、おそらく、カイパーベルトのメインベルトの内側や外側の境界のようなある種の特徴が保たれていると思われる（メインベルトは海王星の軌道からさらに三七億キロメートル広がっている）。

内側の境界を回る天体は、海王星と２：３の軌道共鳴を持つ傾向にあるので、海王星が軌道を三周するごとにカイパーベルト天体（ＫＢＯ）は軌道を二周する。冥王星は、海王星が軌道を三周するごとに太陽を二周するこのようなＫＢＯの一つで、この点から、海王星に対し同じ軌道共鳴を持つ他の天体は冥王星族[3]と呼ばれる。海王星と別の軌道共鳴を持つＫＢＯが、もし、この距離にあって海王星が軌道を一周するごとに軌道を二周するならば、外側の境界、いわゆるカイパークリフの形を保っているかもしれない。

この二つの境界にはさまれた古典的カイパーベルトと言われる領域は、海王星の重力的な影響を受けないので、ＫＢＯの軌道はほとんど乱されることがない。古典的カイパーベルトの中の天体は、二つの集団にはっきり分かれている。最初のグループは「冷たい集団[4]」と言われるが、この名前は温度を表わしているのではなく、その動きが冷たい気体でできた雲の中の分子運動にどこか似ているためである。

それらは黄道面近くに留まる円形に近い軌道を回り、異なる組成を持つことから、もう一つのグループより外見が赤い。「熱い集団[5]」はまったく別のより楕円に近い軌道で、黄道面に対して三五度程度傾いている。二つのグループは起源も異なると思われる。「冷たい集団」は現在の場所で作られ、一方、「熱い集団」はそれより太陽に近い、おそらく木星付近で作られたが、この巨大惑星が現在の軌道に落ち着くにつれて外へ押し出されたと信じられている。

その先にはカイパークリフがあるが、ここの天体と海王星との軌道共鳴が２：１に決まっていることはすでに見てきた。その境界はすでに知られているが、いまだ不明なのは、その先になぜほとんど天体がないと思われるかということだ。見込みのありそうな説明はすでに見てきたが、それは、巨大だが現在は見えない惑星が重力で他の天体の動きを制限しているかもしれないというものだ。だが、カイパーベルトには惑星を作るほど十分な物質がなかっただけという可能性もある。

*

冥王星が今この時点で古典的カイパーベルトの内側の境界のどこかにいるとして、宇宙船の今の速度だと、このベルトを横断してカイパークリフに着くにはさらに一八ヵ月かかる。だが、あなたはベルトを横切っていることに気づかないだろう。実際、あなたはベルトの中にずっといたのに、ＫＢＯをまだ一つも見つけていないかもしれない。その光は非常に暗いので、検出はほぼ不可能だ。カイパークリフの先に存在すると思われる空白地帯はほとんど未知のままだ。

二機のボイジャー探査機が、パイオニア一一号と同じように太陽系から脱出する軌道にあり、太陽系の惑星軌道面の上と下へ向かったが、パイオニア一〇号は惑星軌道面方向に送られた唯一の探査機だった。地球からこれほど遠い場所に天体が存在する直接の証拠は多くないが、その理由はひとえに、天体があまり太陽に照らされず、その存在を突き止めにくいからだ。そして、もしここにある程度の大きさの惑星があったとしても、探査機や宇宙旅行者がそれを見つけるのにぴったりと合った時と場所にいる幸運が必要だろう。

ここからイオンエンジンが点火され、速度を上げて太陽系の外へと突き抜ける旅を行なう。速度は徐々に増すが、それでも、あなたが最後の最後に「カルディ」を離れた直後から、惑星間空間が終わり星間空間が始まる太陽系の果てに着くには二三年かかる。太陽系の果てとは、太陽が及ぼす影響の度合が他の恒星が及ぼす影響と同じになる地点のことで、それがどこであるかを正確に理解するには、銀河系の恒星間に存在する星間物質の性質を理解する必要がある。

この物質は、気体（ほとんどは水素とヘリウム）、塵、放射線の混合物でできていて、太陽を取り巻く一つの「泡」が存在するのはこの媒体の中である。この「泡」は、太陽風による圧力で形成される太陽圏のことである。太陽風の圧力が近くの他の恒星による「恒星風」と釣り合う地点が、太陽系の境界である。二〇一二年八月二五日、ボイジャー一号は、太陽から一八一億キロメートルのこの地点を通過して星間空間へ入った最初の人工天体になった。

太陽圏の正確な形と構造はまだよくわかっていない。ボイジャー探査機が通過すると、解明された以上の疑問が浮かび上がってきた。太陽圏を形成する太陽風は太陽から秒速七五〇キロメートルもの速度で離れていき、太陽圏の構造は、太陽風と星間空間の恒星風との相互作用により影響されている。太陽からの風は、磁場とイオンと言われる荷電粒子からなるが、太陽がその自転軸を中心に回転しているため、渦状のさざ波を太陽系の中に生じさせている。

この旅のはじめに太陽を訪れたとき、一一年サイクルの太陽活動周期について見てきたが、他のことも一一年ごとに起こっている。それは太陽磁場の反転で、太陽の北極と南極の磁性が入れ替わる。これは太陽圏の渦状の電流シートに乱れを起こし、地球は宇宙線の攻撃にさらされやすくなる。地球は太陽を回っているので、普通は電流シートにより宇宙線から守られているが、一つの波からもう一つの波へ移るときだけは脆弱になる。

磁場の反転の間、地球に宇宙線が当たる危険がかなり高くなる傾向がある。これは、地球大気で保護されていない宇宙旅行者や宇宙船には特に心配なことだが、もちろん「カルディ」には、自らの磁場を作っている超電導磁石の保護がある。

太陽自身は、時速約八万三七〇〇キロメートルで星間物質中を移動しているので、太陽とそのまわりの領域は星間物質へ突入し、太陽風は音速以下に減速して衝撃波が発生する。この地点は末端衝撃波面と言われ、ここで太陽風は人混みを歩こうとする集団のように圧縮される。星間物質中の物質密度は実際にはきわめて低く、分子の数は一立方センチメートル当たり一千万個程度しかない。

しかし、このような低密度でも、太陽風が音速以下に減速するほど十分弱まるには約一三三億キロメートルの距離が必要だ。そして、この減速が衝撃波を生じさせる。太陽から末端衝撃波面までの距離は一定していず、ボイジャー一号はそれを（太陽風の速度とその温度から）九四天文単位と計測したが、ボイジャー二号は八四天文単位とした。この明らかな不一致の原因は、太陽が宇宙空間を動くからである。

末端衝撃波面の先の太陽圏では、太陽風はさらに減速して星間媒体との相互作用が増し、これが擾乱を引き起こす。ヘリオシース（太陽圏内の外側の領域）に擾乱があるということは、太陽風の速度が変化するということで、事実、ボイジャー一号は太陽風の速度が実質的にゼロになった領域を検出したが、風速は後に再び増した。ヘリオシースは彗星の形をしていて、太陽からその移動の方向に約一〇〇天文単位伸びていると思われるが、風下側にはその何倍も広がっている。

ヘリオシースの外側には、太陽系の境界となる領域であるヘリオポーズがある。秒速数百キロメートルで太陽から遠ざかる太陽風が最終的に止まるのはこの場所である。二〇一二年八月まではこれは単なる理論的な境界でしかなかったが、その存在は第3章で見たようにボイジャー一号により確認された。この境界は、通常、ヘリオポーズがブロックしている宇宙線が増加し、温度が低下、磁場の方向が変化することによって示されていたのである。

衝撃波は、太陽圏内の末端衝撃波面で作られるのとちょうど同じように、星間物質中の移動とともに太陽圏の前面に作られる可能性もあるのではないかとある理論は示唆している。しかし、超音速で移動する太陽風とは違い、私たちが移動する際、星間物質との相対運動は音速以下で、時速わずか八万三七〇〇キロメートルである。

これは普通の基準なら超音速だ。事実、地球上では音速は時速一二三四キロメートルしかないが、音速は温度と密度により変化する。密度が希薄な星間媒体では音速はずっと速くなり、太陽系は動きが遅すぎて弧状衝撃波ができない。NASAの星間境界探査機[6]によると、弧状衝撃波よりは、低速で航行する船の船首の水面にできる船首波の方が存在する可能性が高い。

＊

ここからは星間空間だ。ついに、太陽から約一八一億キロメートルの地点でヘリオポーズを通過したが、ここまで来るのに四二年間ほどかかった。この飛行計画によると次の立ち寄り先はオールト雲だが、より正確に言うと、オールト雲かもしれない。この理論上の雲は、太陽から五〇〇〇〜五万五〇〇〇天文単位の領域で太陽系を取り巻いている。イオン推進系を使いゆっくり、継続的に加速しても、着くには一五〇〇年かかるので、「カルディ」はあなたなしで飛行を続けなければならない。とうとう故郷に帰るときがきた。

幸い、《現実棚上げ装置》という圧倒的科学超越力のおかげで、帰還の旅はスイッチの切り替え程度ですむ。だが、ひとたび無事に地球へ戻ってもそれで終わりではなく、最終的に家族や友人に再会できるようになるまでには検疫に時間がかかる。太陽系めぐりの旅を終え、見知らぬ新世界を訪れた今、地球の生命をリスクにさらす恐れのあるものを何も持ち帰らなかったことを確認するため、多大な注意が払われなければならない。

同様の警戒は、最初に月面着陸した宇宙飛行士が帰還して以来ずっとなされてきた。だが、彼らと違うのは、地球での生活にはるかに簡単に戻ることができることだ。それというのも、旅の大半の時間は擬似重力があったので、何ら地球の重力場の影響に問題なく再順応できるからだ。一連のテストや試験のあと、あなたはついに検疫施設を出て愛する人々と感動的な再会をする。魅力的な長旅だったが、最初に新鮮な空気を吸い込んだとき、故郷に帰ってきたという感動を覚える。

「カルディ」はあなたなしにオールト雲を進み続ける。オールト雲は太陽系をすっぽりと包む氷の天体の巨大なハローと考えられ、その外縁の天体はあまりに遠く、最も近い恒星のプロキシマ・ケンタウリまでの優に四分の一の道のりである。オールト雲は、内側にありヒルズ雲と言われるドーナツ型の雲と、外側にあり太陽と重力的に弱いつながりしかない球形の雲の二つの領域にはっきり分かれると考えられる。二つの雲の中には氷でできた数兆個もの微小天体があり、それぞれの大きさは約一キロメートルであると信じられている。この雲が存在する唯一の証拠は、内部太陽系を訪れて地球の空を時おり美しく飾る氷でできた彗星の観測からもたらされた。

彗星には、比較的短期間（二〇〇年以下）で太陽を回る短周期彗星と、軌道周期がもっと長い長周期彗星という二つのグループがあることが研究でわかり、短周期彗星はカイパーベルトからくることが多く、軌道周期が数千年になることもある長周期彗星は、その起源がオールト雲であると信じられている。

両者には、太陽を回る彗星の周期以外は基本的に違わない。長周期彗星の方が短周期彗星より氷が多い傾向はあるが、どちらも岩石と氷の混合物である。彗星の中心には、通常、直径わずか数十キロメートルの核があり、しばしば汚れた雪の塊に喩えられる。子供のころ、雪を一握りすくい取ったら、中に土や石がかなり混ざっていたと気づいたときのことを憶えているだろうか。

この雪の塊とちょうど同じように、彗星の核は主に氷からなるが、岩石も含み、その量はさまざまだ。彗星は、太陽系の外縁に留まっているうちは氷が固体のままだが、何らかの撹乱を受けて太陽の方向へ送られると温度が上昇し、事態が変わり始める。彗星の核は非常に小さく、そこに関わる重力はほとんど無視できる程度で、核は大気を保持しないため、このような環境のもとで圧力が低ければ、暖められた氷は液体にならずそのまま気体に変わる。

氷が昇華すると、核は塵と気体のハローに囲まれるようになる。このハローは彗星のコマと言われ、太陽風の圧力を受けると数百万キロメートルに伸びることもあり、彗星のトレードマークの尾ができる。彗星は宇宙空間を高速で飛ぶので後ろに尾が伸びるというのは、よくある誤解である。正しくは、これまで見てきたように、尾はいつも太陽風によって風下に吹かれるので、常に太陽の逆方向を指すということだ。

彗星のスペクトル調査と無人探査機よる探査から、多くの彗星は、生命進化の鍵となるアミノ酸やタンパク質を構築するアンモニア等の成分を含むことがわかった。この重要な発見により、地球に生命をもたらしたもとの物質は彗星からきた可能性があることが明らかになった。地球は若かったころ、小惑星や彗星の核からたくさん衝突されたはずで、その際生命を維持するさまざまな化学物質がもたらされた。

この理論が最初に提唱されたとき、壊れやすい化学物質は衝突の際に破壊されてしまったのではないかと思われた。その懸念に反論するため、有機化合物でコーティングされた物体を高速で金属板に発射する実験が行なわれた。この実験では、彗星が地球に衝突する際に生じる力と条件をシミュレーションしたが、化合物は壊れずに残ることがわかった。衝突の際に解き放たれたエネルギーが、生命進化の開始を促す化学変化の触媒となった可能性もあったのだ。

長周期彗星の起源については、その軌道の研究から明らかになってきた。長周期で軌道傾斜角が小さい彗星の状況から、オールト雲の内側にあるドーナッツ型のヒルズ雲が二〇〇〇～二万天文単位であると概算できるようになったのだ。

軌道傾斜角が大きく周期が二五三七年の、いわゆる「一九九七年の大彗星」と言われるヘール・ボップ彗星のように、出現時の周期がきわめて長い彗星からは、オールト雲の外側の雲が約二万〜五万天文単位にわたることが窺われる。これらの彗星は出現時に大きく、見事な姿をしていることがあるが、その理由は、長周期彗星は、従兄弟たちの短周期彗星のように周期的に近づき大量の氷を噴出することもなく、生涯の大半を凍りつくような外部太陽系の深部で過ごすからである。

もし、オールト雲が本当に存在するとしても、太陽系の果てで起こるたいていのことのように、その由来や形成についてはよくわかっていない。長年、最も一般的だった理論は、オールト雲は、若かった太陽を取り巻いていた原始惑星系円盤の残骸から作られたというものだ。それらは太陽の近くで作られ、巨大惑星との重力的相互作用により離心率のきわめて大きい遠くの軌道へ放出された可能性が非常に高い。

さらに最近になると、ほとんどの星々は若く熱い星団の中で作られたと信じられるようになり、太陽は一緒に作られた星々との間で物質を交換し、その結果、オールト雲が作られた可能性があることが研究から示唆されるようになった。星団は時が経つにつれて離ればなれになり、惑星の集団とともに単独で、あるいは二重星や多重星の一員として生きることになる。この最新の理論では、星々は徐々に少しずつ分かれていくとともに物質を交換し、最終的には、太陽系の非常に遠くに太陽系を取り巻くオールト雲の天体が作られたのではないかとしている。同時に、雲の外の方にある個々の天体の一部は、銀河系の中を移動する際に近くの恒星と相互作用をまだ行なう可能性がある。

オールト雲が受ける影響はほかにもあり、とりわけ銀河系自体の重力はそうだ。太陽を回る惑星や惑星を回る衛星も同じように、重力による潮汐力の支配下にある。オールト雲ぐらい離れると太陽からの重力的影響はかなり弱まるので、実際には、銀河系の重力の方がオールト雲の進化において重要な役割を果たしてきた。

オールト雲の形成初期には、中の物体の多くが大きくつぶれた楕円軌道を回っていたかもしれないが、銀河系の潮汐力で円軌道になり、球形の雲ができた。この潮汐力が雲の中の天体を外に放り出し、太陽の方に向かわせたこともありうる。ヒルズ雲は太陽に近い方にあったので、銀河系の影響は少なかった。その軌道が円形になるほど十分な時間はなかったのだ。

*

長いことオールト雲の中にいた「カルディ」は外に出て、二〇光年以上彼方にあるてんびん座のグリーゼ五八一へ向かう残りの旅を続ける。この旅のほとんどは星間空間を通り、星間物質がかかわってくるだろう。すでにご存じのように、この星間物質の分子密度は低い。液体の水の中には、一立方センチメートル当たり10^{22}個の原子があるが、この媒体中には平均で一立方メートル当たり一原子しかない。「カルディ」は、もし燃料が尽きても、おそらく近くの恒星からそっと動かされるような他の力が作用しないかぎり、同じ速度で同じ方向に飛び続けるだろう。

グリーゼ五八一に着くと、太陽は四等級のほとんど目立たない恒星にしか見えないだろう。惑星も含めた天空のすべての天体は等級で明るさが表わされ、明るい天体は数字がマイナスになり、肉眼で見える一番暗い天体は六等級だ。地球からだと太陽はマイナス二六等級で、満月がマイナス一三等級、金星は最も明るいときでマイナス五等級、ＵＤＦｊ－３９５４６２８４と言われる最も遠くに見える銀河は二九等級で、これは人間の目で見える明るさの五億分の一である。

地球の地表からだとグリーゼ五八一は肉眼では見えず、望遠鏡が必要だ。グリーゼ五八一がこのミッションの最終目的地に選ばれたのは、この星系に地球外文明があるかもしれないからだ。

恒星自体に特別な点はない。赤色星で太陽より低温だが、太陽と似ているのは、中心核の奥深くで、水素をヘリウムに変換する核融合が行なわれていることだ。とはいえ、質量が太陽の約三分の一とかなり小さく、温度が低く色が赤いのはこのためだ。この星はほとんど注目されてこなかったが、二〇〇七年四月には、この恒星を回る二番目の惑星、グリーゼ五八一ｃが発見された。この惑星が天文学者の興味を特に引いたのは、それが恒星のまわりのハビタブルゾーンを回っていることがわかった最初の系外惑星だったからである。このゾーンの中では、適度な密度の大気とともに軌道周回する惑星は地表に液体の水を保つことができる。

グリーゼ五八一ｃは質量が地球の約五・六倍の惑星である。地球‐太陽間の距離が一億五〇〇〇万キロメートルなのに対し、グリーゼ五八一との距離は一一〇〇万キロメートルだが、恒星の温度が太陽より低いので、この惑星はハビタブルゾーンのまさに端に当たる。恒星からの距離がこの値だと軌道を一周するのがわずか一三日間なので、ここの一年は地球の一年よりかなり短いが、地球と違いグリーゼ五八一の潮汐力に束縛されている。

前に見たように、これは、惑星はいつも同じ側を恒星に向け、もう片側は永久に暗いままであるということだ。水は、もし存在するなら、昼の側は高温になり蒸発する可能性がきわめて高いが、夜の側は凝結して凍る。惑星が潮汐力に束縛されているとすれば、惑星大気の水分全体が夜の側では凍って固体の状態に達する可能性がある。

恒星のまわりの惑星に水があることを突き止める一つの方法は、惑星大気中を通過する恒星の光を調べることだ。この方法だと、大気中に水蒸気が存在すれば、恒星の光が水蒸気によって吸収されるので明らかになる。背後の恒星からの光はスペクトル中に暗い吸収線となって表われる。残念ながら、グリーゼ五八一cの場合は軌道の向きのせいで、地球から見て惑星が恒星の前を通過することはない。

グリーゼ五八一の星系には三つの惑星が確認されている。その一つのグリーゼ五八一eは地球の質量の一・七倍しかない。残念ながら、この惑星はわずか〇・〇三天文単位、つまり四五〇万キロメートルの距離で親の恒星を回り、これは水星が太陽を回るより五三〇〇万キロメートル以上も近い。この距離だと、恒星をわずか三日ほどで一周し、焼けるような熱と大量の放射線にさらされるので、生命の可能性はきわめて低い。

グリーゼ五八一のまわりの惑星はすべて、視線速度法で発見された。この技術はこれまで見てきた単純な原理に基づいており、問題となる二天体の質量中心、すなわち重心を回る天体の運動である。要約すると、もし二天体の質量が同じなら、両者は互いの中央にある一点を中心として回り合うはずだ。

もし、片方の天体が重ければ重心はそちらに寄り、非常に重ければ、重心は重い方の天体のほとんど中心にくる。このような場合、重い方の天体の運動はごく小さくほとんど検出できないが、それでも重心のまわりを回る。恒星のまわりを惑星が回る場合、その惑星の存在により恒星の位置にごくわずかなブレが生じる。

すでに見てきたように、恒星からくる光をスペクトルに分ける分光器に通して調べれば恒星位置のわずかなブレや運動を検出することが可能である。恒星が動くと、スペクトル中の吸収線は最初はスペクトルの赤い端の方に動いても、その後は青い端の方に動くが、これはそれぞれ赤方偏移もしくは青方偏移と言われる効果である。この概念は、緊急車両がサイレンを鳴らしながら通り過ぎるときに誰もが耳にするような、ドップラー効果というものである。

乗り物が近づくと、その運動により音波が密になりサイレンのピッチが増すが、通り過ぎると今度は音波は伸びるので、ピッチは変化して減り始める。恒星のスペクトルもこれと似ていて、その動きがあなたの方に向かうときには光の波が密になり、吸収線の表われる位置が青色の方向に移動するが、再び遠ざかるときは光の波の間隔は広がるので、光は再び赤い方の端に向かう。

もし、吸収線の位置の移動を注意深く観測、計測すれば、恒星の運動が算出でき、その情報から線の位置を移動させている天体の質量が算出できる。グリーゼ五八一を回る三つの惑星が存在する証拠は、こうした吸収線の微妙な移動の中に隠されていた。

遠くの恒星を回る惑星の発見には他のテクニックも使われる。もっとよく知られているものの一つは、恒星の光のスペクトルではなく、明るさに関する研究である。恒星の見かけの明るさが変化する理由はいろいろあるが、ある場合には、光のごく一部が他の恒星かおそらく惑星のようなものに遮られるためだ。

惑星が通過することで生じる明るさの変化はごくわずかであるが、そのサインは見逃しようがない。惑星は、恒星の前を横切るときに光をほんの少し遮り、その分が私たちのところに届かなくなるので、系全体の明るさがごくわずか低下し、その後惑星が恒星の背後を通過するときに二回目の低下が起こる。

この二回目の低下が検出される理由は、惑星は普通、恒星の光を少し反射していて、系全体の明るさを増やしているが、恒星の後ろを通過するときはこの反射光が見えなくなるためである。時間の経過に対する光の量をグラフに表わせば、光の量が変化するので起伏に富んだカーブが表われるはずで、グラフの谷の時刻は惑星と恒星が一列になったときである。恒星のまわりに惑星が二つ以上存在しても、光の曲線のパターンに繰り返しが見られるのでそこからわかる。

将来は、新たな技術によりいわゆる太陽系外惑星の地表の画像が直接撮影できるようになるかもしれない。干渉法という技術が使用できる宇宙望遠鏡を軌道上で周回させれば、数千キロメートル離れた望遠鏡からの光を統合してかつてなかったような解像力の画像を得て、遠い世界の地表の細部を明らかにできるだろう。だが、今のところせいぜい可能なのは、それがどのような状態かを思いめぐらすことだ。悲しいことに、人類が別の恒星のまわりの世界に足を踏み入れるというのは、それを検討できるようになるだけでも実に長い年月がかかるだろう。というのも、その実現には、ロケット推進やそれを支える技術に多大な進歩が必要だからである。

この旅を完遂させたときには、別の世界で繁栄する新たな文明が見つかる可能性はあるのだろうか？　そのチャンスはかなり高そうだ。結局、宇宙は無数の銀河からなり、その銀河のそれぞれが何十億個もの恒星からなる複雑な体系である。事実、宇宙には地球上の砂粒より多くの恒星があるとよく言われている。私たちの現在の知識では、太陽系には水が豊富にあり、他の恒星のまわりに惑星があることも珍しくなく、有機化合物も豊富にあるようなので、生命が進化するチャンスは高いように思われる。

グリーゼ五八一を回る惑星の一つに生命が存在し、「カルディ」がその惑星とコンタクトをとる場合、宇宙船がどこからきたかを示すために船の側面に銘板が取りつけられている。パイオニア探査機にも似たような銘板がつけられ、その時は、太陽系の位置を同定できるようにするため近くのパルサー（高速で回転する高密度の恒星）の地図を使用した。「カルディ」には銘板とともに、太陽系の地図と太陽を回る三番目の惑星――もちろん私たちの故郷の地球だ――からきた宇宙船の絵がある。

たとえ宇宙船が地球外文明に遭遇しなくても、ここまでのミッションは大成功だった。快適で安全な地球から、広大な太陽系を横断した魅惑的な旅を振り返ることができるだろう。ほかの誰より太陽に接近し、人を寄せつけない内惑星の世界を訪れ、小惑星帯の横断に成功し、木星の最上部の美しい雲を見、吹き荒れる嵐である大赤斑の中まで飛行した。土星の荘厳な環や天王星と海王星の大気の微妙な色合いを見、その後、太陽系外縁の暗い深部を探査した。その後宇宙船を去って「カルディ」が無人になるまで、あなたは太陽系を離れて星間空間に入った最初の人類となった。

この旅では故郷を長年離れて過ごさなければならなかったが、長期間の宇宙旅行は真の冒険だった。未知の世界を旅したいと思うことは人類の内なる性質の一部であり、旅に出て地表のほんの数センチずつまでを地図にし、海を渡り、山を登り、極への到達を競った祖先たちとまったく同じように、私たちは自然界への理解を探求し続け、深宇宙を覗きたいと思いつつ探検を続けてきた。あなたの旅は驚異的な経験であった。そして、信頼を託された宇宙船は永遠に星間空間を進み続けるだろう。

訳者あとがき

本書は、マーク・トンプソン（Mark Thompson）による*A Space Traveller's Guide to the Solar System*（Bantam Press, 2015）の全訳である。マーク・トンプソンは、イギリスの公共放送局ＢＢＣの番組「スターゲイジング・ライブ」など、テレビやラジオにも出演し、宇宙の面白さを伝えているイギリスの天文家である。一九七三年生まれということで、現在四四歳。彼のホームページによると、一〇歳のとき、イングランド東部、ノーフォークの州都、ノリッチの天文協会で口径二五センチメートルの望遠鏡で土星を見たことがきっかけで、天文の世界に強く惹かれるようになったという。現在は同天文協会の会長になっている。

本書は彼の四冊目にあたる二〇一五年刊行の著作である。宇宙船に乗り、太陽系を旅するという設定で、宇宙旅行や天体について学んでいくという内容である。本書の邦訳にあたっては、二人の訳者のうちまず永山が翻訳原稿を作り、その後、山田が専門的な立場から加筆・訂正を行なうという形をとった。

本書の特色は、単なる天体の解説ではなく、宇宙旅行にかかわる部分にかなりのページが割かれている点である。現在もなお解決されていない諸問題も含めて宇宙旅行の方法が解説され、読者はその困難さを知ることになる。その困難の一部を解消すべく登場するのがＲＳＵ（リアリティ・サスペンション・ユニット Reality Suspension Unit　本訳書では「現実棚上げ装置」とした）という便利な装置である。アメリカのＳＦドラマシリーズ『スタートレック』に出てくる転送装置に匹敵するような代物である。

これは想像だが、著者は、ＮＡＳＡの惑星間探査機ボイジャーにヒントを得て、この本を書いたのではないか。少なくとも大きく影響を受けたのではないかと思う。有人と無人の違いや宇宙船の規模も違うものの、私には、宇宙船カルディとボイジャーのイメージが多少とも重なる。

現実の世界では、太陽系を脱出する軌道にある探査機は現在五機あり、それぞれ一九七二年、一九七三年に打ち上げられたパイオニア一〇号、一一号と、一九七七年に打ち上げられたボイジャー一〇号、一一号。そして二〇〇六年打ち上げの冥王星探査機ニューホライズンズである。あとのほうの三機は今も機能している。

二〇一七年はボイジャー打ち上げから四〇年ということでアメリカでは、記念行事が開催されたり、プラネタリウムなどでもイベントが組まれたようである（この年、映画『スター・ウォーズ』誕生からも四〇周年で、その方面でも盛り上った）。太陽をまわる諸惑星のそばをうまく通過することで、惑星の重力で探査機を引かせ、探査機の速度を変えて外側の惑星へ次々に接近していくアイデアが、一九六〇年代中頃アメリカで発表された。

一九六五年当時、カリフォルニア工科大学の大学院生だったギャリー・フランドロ氏は、木星以遠の惑星探査について、ボイジャー計画の出発点となった論文を翌年発表し、その飛行プランをグランド・ツアーと名付けた。惑星配置が好条件となるのは、一九七〇年末頃であった。個別に惑星探査を行なうよりも、飛行時間・燃料・予算も節約できるというこうした飛行プランに基づき、アポロ計画後の探査計画としてNASAは、月から惑星へと関心を移し、外惑星については、木星から冥王星までの惑星（当時は冥王星も惑星に分類）を連続して接近通過していく「グランド・ツアー計画」を開始する。当初は四機計画であったのが、二機計画になり、一九七七年に打ち上げる探査機では、木星、土星、冥王星に接近し、一九七九年に打ち上げる探査機で木星、天王星、海王星を探査することになった。

スペースシャトルや宇宙望遠鏡計画など、他の宇宙計画との予算上の戦いもあり、グランド・ツアー計画予算はさらに厳しくなった。最終的には、当初計画より廉価な探査機を用いることになり、一九七七年打ち上げの探査機で木星、土星、そして土星の衛星タイタンの接近を狙い、後続機はバックアップの役割を担うことになった。もし先行機が成功すれば、木星、土星のあと、タイタンは見送って、天王星、海王星へ向かうことになった。きびしい予算削減から存続の危機に陥ったグランド・ツアー計画は、名前を変え、不死鳥のように甦ることになる。望ましい惑星配置で打ち上げる時期は限られていた。木星以遠の惑星連続接近通過に理想的な惑星配置は一九七六年から一九八〇年にかけてであった（次回の理想的配置までは、さらに一七九年ほど待たなければならなかった）。

先行して、一九七二年、一九七三年にそれぞれ打ち上げられたパイオニア一〇号、一一号により、小惑星帯・土星リングの危険性評価や木星の電磁場環境の評価も行なわれ、本格的な外惑星探査の予備調査も行なわれた。グランド・ツアーのアイデアを受け継いだ二つの探査機の名前はボイジャーと決まった。打ち上げが迫る一九七七年三月四日のことだった。

実は、ボイジャー一号では、土星接近時、土星の衛星タイタン（チタン）への接近を行なわず、冥王星に向かうという選択肢もあったという。科学的にも興味深い天体であり、リスクの少ないタイタンへの接近通過のほうが（打ち上げ後の一九八〇年に）選択されたが、もし冥王星行きになっていたら、ボイジャー一号は一九八六年三月には冥王星に接近していたはずである。

ボイジャー一号、二号には、人類の文化や地球の自然を伝えるために用意された「ゴールデンレコード」が取り付けられている。いつの日か、このレコードが地球以外の知性体（もしかすると機械かもしれない）の手によって再生されることがあるかもしれないが、そうした遠い未来まで、人類が平和を保ち続け、繁栄していることを心から強く願いたい。

二〇一七年秋

山田陽志郎

ボイジャー一号、二号の現在位置を知りたいときは、インターネットで

http://www.heavens-above.com/SolarEscape.aspx

あるいは

https://voyager.jpl.nasa.gov/mission/status/

にアクセスするとよい（以下、これらのサイトのＵＲＬは、二〇一七年一〇月時点）。

また

https://voyager.jpl.nasa.gov/golden-record/

には、ゴールデンレコードの詳しい解説（英語）や内容紹介（画像、音声）がある。日本語の挨拶も収められている。

(8) グリーゼ581(Gliese 581) ドイツの天文学者グリーゼによる、地球から20パーセク以内に位置する956星を収録した『グリーゼ近傍恒星カタログ』(1957年) での番号。アルゲランダーらによって出版された『ボン掃天星表』(BD catalogue) では「BD − 07° 4003」。

(9) 核パルス推進 (nuclear pulse propulsion)。

第９章　深淵の宇宙へ

(1) カイパークリフ (Kuiper Cliff)。

(2) 海王星以遠 (trans-Neptunian)。

(3) 冥王星族 (Plutino)。

(4) 冷たい集団 (cold population)。

(5) 熱い集団 (hot population)。

(6) 星間境界探査機 (Interstellar Boundary Explorer)。

うでもないらしい。
(2) 1929年頃に木星を周回する軌道に入ったらしい。
(3) 2017年6月の時点で69個。
(4) 軌道運動が太陽の影響を大きく受けているような衛星。
(5) 2017年6月の時点で62個。
(6) イオの火山はほとんど起伏がなく、「山」と区別されている。
(7) 環を持つ惑星の衛星で、環の近傍を運行し、重力の働きにより環の形を維持している。
(8) 2016年、大赤斑上空の温度が、1300℃という研究が発表された。
(9) これでは低気圧ではないか。
(10) 15万 lb/in^2
(11) 100万 lb/in^2

第7章　太陽系の宝石

(1) 「エンタープライズ」(Enterprise) は、アメリカのテレビドラマ「スタートレック」の架空の恒星間宇宙船。ホロデッキ (holodeck) は、その宇宙船に備えられていた、現実とほとんど変わりのない仮想現実的世界を作り出すことができる装置。懐かしい場所を映したり、自分が参加できるお話を用意したりする。
(2) 北極付近にある六角形の雲は10時間39分23秒で反時計回りに回転している。
(3) ギリシャ神話の「タイタン」は巨大な体を持つとされる。
(4) 実際には、約三分の一周分ぐらいはある。
(5) カラメルにした砂糖をかけたクリームのデザート。
(6) ホテイ弧状地域 (Hotei Arcus) は、直径約600km、弧状の形が特徴で、名前の「ホテイ」は日本神話の七福神の「布袋」に由来する。
(7) 通常の水素による核融合は起こらないが、重水素による核融合は起こる。

第8章　氷の辺境

(1) ウィリアム・ハーシェル卿 (Sir William Herschel) が天王星を発見したのは1781年だが、ハーシェルがナイトに叙せられたのは1816年である。したがって、のちに天王星と呼ばれる天体を発見した1781年の時点では、Sir William Herschel とは呼ばれない。
(2) ほぼ地球の軌道面、すなわち黄道面になる。
(3) 天王星の場合、自転軸の傾きが97.7° なので、数字の上からは逆行であるが、ほぼ横倒しの状態である。
(4) 日本で言えば、太陽が東京なら、水星は静岡県焼津市、金星は三重県津市あたりになる。
(5) 同じく太陽が東京なら、地球 → 神戸市、火星 → 広島市、木星 → 中国北京、土星 → タイ、天王星 → オーストラリア、海王星 → キューバ、といったところになる。
(6) 英語は Nice Model で、(フランスの港町) ニース (Nice) の研究グループにちなむが、それとは知らずに英語風に発音すると「ナイス (見事な)・モデル」になる！
(7) 400年以上前の記録は大赤斑ではない可能性がある。確実な記録は、1830年頃からである。

⑽　2009年6月2日のNASAのプレスリリースに関連記事がある。
⑾　これは仮説の一つである。
⑿　雷の存在の確認はまだのはずである。
⒀　2006～2007年に、イズン山（Idunn Mons）の東で熱が検出されている。フレッシュな流れらしき地形も見つかっている。
⒁　これは仮説の一つである。

第5章　おなじみの世界

⑴　アメリカ小説家で女優のヴァナ・ボンタ（Vanna Bonta, 1958-2014）の発明である。
⑵　「衝」の英語oppositionは、「向かい合わせ」「対置」などの意味がある。
⑶　アラン・ヒルズ84001（Allan Hills 84001）は、1984年12月27日に南極大陸のアランヒルズで採取された火星起源隕石の破片。
⑷　多環芳香族炭化水素（polycyclic aromatic hydrocarbons）の略語PAH。
⑸　この説には反論もあり得る。
⑹　火星の大接近時でも、フォボスとダイモス（デイモスとも表記される）は11～12等程度で、さらに、火星本体の輝きのそばにあるため、これらを見ることは容易ではない。
⑺　むしろ、減圧症を防ぐためではないか。
⑻　南緯20度に着陸すると、フォボスは仰角60度ぐらいになる。
⑼　視直径は2分角ぐらいで小さいため、肉眼では形がわかりにくい。
⑽　「望遠鏡」というよりは双眼鏡で十分である。
⑾　火星の大量にある酸化鉄の起源もよくわかってはいない。
⑿　「ガリー」（gully）は、水の流れによって地表面が削られてできた地形。
⒀　北半球が夏のときは太陽からの距離が遠く、太陽に近いときは季節が冬にあたるため。
⒁　その逆は「昇華」である。
⒂　噴出しているところが「ホットスポット」である。
⒃　3、6、12、24、48、96、……というのは、3から出発して、2倍ずつにしていく数列である。
⒄　計算は、$(96 \times 2 + 4) \div 10 = 19.6$となる。
⒅　太陽の熱ではなく、小惑星内部からの熱のためである。
⒆　2006VW 139とそのグループ。
⒇　チュリュモフ・ゲラシメンコ彗星（67P/Churyumov/Gerasimenko）
㉑　日本では「フィラエ」という表記が一般的だが、ESAでは「フィレ」と発音している。
㉒　約20%という資料（nssdc.gsfc.nasa.gov）もある。
㉓　2009年の論文で確認すると約84度である。

第6章　惑星のゴリアテ

⑴　木星の重力の影響が地球など太陽系中心部に彗星が入り込まないような効果を及ぼしている点、長周期彗星についてはそのように言えるが、短周期彗星につてはそ

い（2017年9月閲覧）。http://www.miz.nao.ac.jp/rise/content/news/topic_20151217
(8) もっと短時間で月ができたという研究もある。
(9) ルナー・オービター計画による月面写真も着陸地点選定に役だったはずである。
(10) 約35%という文献もある。
(11) 約5%という文献もある。
(12) 2009年にロケットを衝突させ、その際の月面噴出物のスペクトルを観測し、水（H_2O）の存在を確認した。
(13) 月の両極地である。
(14) きわめて微量である。
(15) 2009年に発表した。
(16) 新しいクレーターからの噴出物の落下があるため、数万年で「足跡」はわからなくなるかもしれない。
(17) どのくらい"圧縮"するかにもよるが、空隙率90%としても、圧縮して1mくらいなので「数インチ」はおかしい。

第3章　炉の中へ

(1) 微生物が有機物を分解する際に発生する熱である。
(2) 正しくは、一様な角速度での自転である。
(3) 正しくは、角速度である。
(4) 「極地方」というよりは、むしろ中緯度（だいたい40度）付近である。
(5) 彩層は厚さ2000kmほどであるため、コロナにまでおよぶ。
(6) 太陽の近傍に見える黄道光の一部である。
(7) 高速の太陽風でもオーロラは発生する。
(8) 100億年経過してもまだ光を放っているようなゆっくりしたペースである。
(9) 太陽に対し、惑星をごくわずかに増速させ、宇宙船を減速するというケースもある。
(10) 主要な腕は2本という説もある。
(11) 太陽フレアの規模によっては、ほぼ即死ということもありうる。
(12) 太陽表面から120万km、太陽中心からは190万km。

第4章　人にやさしくない惑星

(1) これらは「地球型惑星」と呼ばれる。
(2) 地球の公転速度を減じるように打ち上げられ、地球軌道面内側へ向かうため、容易ということはない。
(3) 初めの進行方向を基準にして「左」。
(4) 最新の冥王星の直径は、約2380kmである。
(5) 氷成分が主体である。
(6) むしろ氷天体である。
(7) 正確には、黄道面は地球の公転軌道面なので、他の惑星の軌道面とは多少の違いがある。
(8) 「ルペス」（rupes）は、断崖である。
(9) 実体は太陽風である。

訳注

はじめに

(1)　パピエマシェ（papier-mache、フランス語）は、パルプに接着剤などを加えた各種成形用素材。

(2)　「ハンス・リパハイ」とも表記される。

(3)　漢字表記では「万戸」または「万虎」。

(4)　中国も「天宮」と呼ばれる宇宙ステーションの計画を進めている。

(5)　「ライトイヤー」はアニメ映画『トイ・ストーリー』に登場する宇宙飛行士。

(6)　「一五万ポンド」は、約2000万円（2017年）。

(7)　「二千万ポンド」は、約30億円（2017年）。

第1章　飛行計画

(1)　土星の環について、ガリレオ自身は三つの星からなっていると考えていた。

(2)　『自然哲学の数学的諸原理』（*Philosophiae Naturalis Principia Mathematica*）。

(3)　地球と似た公転軌道から太陽に向かう軌道に変更するのは大変である。

(4)　カッシーニ計画で、1997年に打ち上げられたカッシーニ探査機は、金星に2回、地球に1回、木星に1回接近し、2004年に土星周回軌道に入った。

(5)　現実に180度方向を変えるのは不可能である。

(6)　これは「パラボリックフライト」と呼ばれる。航空機が放物線飛行（parabolic flight）することで、機内に短時間の無重量状態が生ずる。

(7)　ソユーズでは最大5G程度、シャトルはたぶん3Gぐらいである。

(8)　「現実棚上げ装置」（リアリティ・サスペンション・ユニット Reality Suspension Unit, RSU）は、現時点では技術的に不可能と考えられる局面を打開してくれる本書における想像上の装置。

第2章　さよなら地球

(1)　少なくとも、熱くはない程度のようである。

(2)　「キューポラ・モジュール」は、欧州宇宙機関（ESA）が建造した観測用モジュール。

(3)　2014年9月にもキューポラ・モジュールの窓への衝突痕が見つかり、2016年4月にも見つかっている。

(4)　正しくは、「重さ」または「重量」と表記すべきである。

(5)　実際には、ほぼ同じである。

(6)　この月重力場探査機は、「グレイル」（GRAIL）である。

(7)　月の核については詳しいことはわかっていない。たとえば、以下を参照された

【な　行】

【は　行】

【た　行】

【さ　行】

【か　行】

索引

【著者】

マーク・トンプソン（Mark Thompson）

1973年英国ノーフォーク生まれ。これまで多くのテレビ・ラジオの天文解説番組で活躍し、BBCの人気テレビ番組「スターゲイジング・ライブ」の案内役としてよく知られる。王立天文学会のフェローで、ノーウィッチ天文協会の代表を務める。著書には、本書の他に、*A Down to Earth Guide to the Cosmos*, *Philips Stargazing with Mark Thompson*, *Philips Astrophotography with Mark Thompson* などがある。

【訳者】

山田陽志郎（やまだ・ようしろう）

東京学芸大学修士課程修了（天文学／理科教育）。東京と横浜の科学館で、長年天文を担当。国立天文台天文情報センター勤務を経て、相模原市立博物館の天文担当学芸員を務めた。人工衛星追跡PCソフトOrbitronの翻訳者。最近では、小学校高学年向け『宇宙開発』（大日本図書）を執筆。訳書にはヨーマンズ『地球接近天体』、バトゥーシャク『ブラックホール』（いずれも地人書館）がある。小惑星9898番Yoshiroは、発見者と推薦者の厚意により提案され、IAU（国際天文学連合）により命名。

永山淳子（ながやま・あつこ）

1961年東京生まれ。図書館情報大学（現筑波大学図書館情報専門学群）卒業。オンライン検索サービス会社勤務の後、主として自然科学書の包括的な校正作業などに携わっている。訳書には『望遠鏡400年物語』、『膨張宇宙の発見』、『パラサイト』、『カッコウの托卵』（いずれも共訳、地人書館）がある。

太陽系旅行ガイド

2017年12月5日　初版第1刷

著　者　マーク・トンプソン
訳　者　山田陽志郎・永山淳子
発行者　上條　宰
発行所　株式会社 **地人書館**
162-0835 東京都新宿区中町 15
電話 03-3235-4422　　FAX 03-3235-8984
振替口座 00160-6-1532
e-mail chijinshokan@nifty.com
URL http://www.chijinshokan.co.jp/
印刷所　モリモト印刷
製本所　イマヰ製本

Printed in Japan.
ISBN978-4-8052-0915-8

●好評既刊

日食計算の基礎
日食図はどのようにして描くか
長沢 工 著
A5判/二八八頁/本体三八〇〇円(税別)

日食計算では、その過程に、ニュートン法、はさみうち法、繰り返し代入法など方程式の数値解法や、最小二乗法、コンピュータ作画など、応用数学のさまざまな技法が適用される。だから、その過程で変化に富んだ数値計算の醍醐味を味わうこともできる。日食計算は、天文計算の極致を体験するものだといってもよい。

地球接近天体
いかに早く見つけ、いかに衝突を回避するか
ドナルド・ヨーマンズ 著/山田陽志郎 訳
A5判/一八四頁/本体二六〇〇円(税別)

私たちにふりかかるかもしれない自然災害のうち、巨大彗星や小惑星の落下は、わずか一撃で私たちの文明を滅ぼしてしまう可能性がある。著者はこれらの地球接近天体の脅威を理解する助けとなる最新情報を提供し、このような天体の初期の崩壊が地球生命を可能にした物質をどのようにもたらしたかを説明する。

誰でも楽しめる星の歳時記
人と宇宙が紡ぐ風物詩
浅田英夫 著
A5判/一四四頁/本体一八〇〇円(税別)

星空や暦にまつわる折々の話題をひと月ごと歳時記風に紹介。著者が科学館・プラネタリウムなどでの講演会で好評を得たテーマを厳選し、遠い昔の物語から最新の話題まで、さまざまな星の話題が、星図・や星座絵、写真、イラストを織り交ぜ満載されている。悠久の時の流れを越えて繋がる“天文楽”を楽しむ。

驚きの星空撮影法
デジタル一眼と三脚だけでここまで写る!
谷川正夫 著
A5判/一四四頁/本体二三〇〇円(税別)

星空写真撮影を誰もが手軽に楽しむための「超固定撮影法」を紹介。赤道儀などの機材を一切使わず、デジタル一眼レフカメラと三脚だけで美しい星空や明るい星雲星団が撮影できる。従来の撮影には不可欠だった北極星による赤道儀の設置は不要となり、北極星の見えない南半球はじめ世界中どこでも同じ方法で撮影できる。

●ご注文は全国の書店、あるいは直接小社まで

㈱地人書館　〒162-0835 東京都新宿区中町15　TEL 03-3235-4422　FAX 03-3235-8984
E-mail=chijinshokan@nifty.com　URL=http://www.chijinshokan.co.jp